아이의
방문을
열기 전에

아이의
방문을
열기 전에

10대의
마음을 여는
부모의 대화법

이임숙 지음

프롤로그

내가 만약 열다섯 살로 돌아간다면, 나는 나의 부모님께 어떤 도움을 청하고 싶을까?

나 자신의 청소년기를 잘 보내지 못했다는 후회감에, 청소년이 된 아이들에게 조금이라도 도움이 되고 싶다는 간절함에, 우리 아이들을 잘 이해해 보려고 노력하며 던진 질문입니다.

중학교 시절, 한 친구가 있었습니다. 공부를 잘하는 것도 아니었고 활달하지도 않아 별 존재감이 없던 친구였는데 어느 날 그 아이가 갑자기 달라지기 시작했습니다. 성격이 밝아지고 활발해지면서 리더의 역할을 하기 시작했습니다. 더불어 성적까지 쑥 오르자 모두들 그 친구가 어떻게 그렇게 변할 수 있었는지 궁금해했습니다. 그러다 어떤 한 어른이 그 친구를 변하게 했다는 소문이 들렸습니다. 그 어른이 부모님인지, 학원 선생님인지는 알려지지 않았습니다. 중요한 건 그 소문을 들은 친구들의 눈빛은 모두가 똑같은 바람을 담고 있었다는 사실입니다.

'나도 그런 어른을 만났으면 좋겠다.'

놀기만 하고, 공부는 그저 재미없고, 에너지를 어디에 쏟아야 할지 모르고 방황하는 청소년들도 모두 자신을 든든하게 잡아 주고, 힘 있게 끌어 줄 그런 어른을 간절히 바랐던 것입니다.

요즘 세상은 부모의 청소년기와는 크게 달라진 것 같습니다. 10대들은 스마트폰 속의 게임과 SNS에 빠져 있고, 아이돌에 열광합니다. 어른들을 꼰대 취급하며 자신을 위한 충고와 훈계는 들으려 하지 않습니다. 게다가 마음속 분노와 불안은 일탈과 공격적 행동으로 폭발하고 있어, 어른들이 가까이 다가가기조차 무섭게 느껴질 정도입니다. 웬만큼 잘 지내는 것 같아 보이는 아이들도 마음속 깊은 곳에는 미래에 대한 두려움과 잘하지 못하는 자신에 대한 걱정과 불안이 도사리고 있습니다.

그렇다고 지금 우리 아이들의 마음이 부모 세대의 청소년 시절과 다를까요? 전혀 그렇지 않습니다. 우리 아이들은 여전히 모두가 인정하는 좋은 사람, 능력 있는 사람이 되고 싶다는 진심을 갖고 있습니다. 쉽게 흔들리고 유혹에 잘 빠지는 자신을 누군가 든든하게 잡아 주고 이끌어 주기를 간절히 바라고 있습니다. 이런 우리 아이를 도와주기 위해, 내가 다시 10대 청소년이 된다면 나의 부모가 어떤 도움을 주기를 바라는지 한번 생각해 보면 좋겠습니다.

> 내 말에 진심으로 관심 가져 주기를,
> 부족한 건 많지만 그래도 조금이라도 노력하고 잘하는 것을 인정해 주기를,
> 공부를 좋아하는 아이로 키워 주기를,
> 관심 있는 일에 미친 듯이 빠져 보도록 허락해 주기를,
> 혹시 위험하거나 자신을 망치는 일에 끌리면 단단하게 나를 지켜 주기를.

내가 바랐던 부모 역할을 10대가 된 소중한 우리 아이에게 해 줄 수 있으면 좋겠습니다. 그러기 위해선 우선 우리 아이의 마음을 얻어야 합니다. 원치 않는 충고와 훈계는 아이를 더 엇나가게 할 수 있으니 말입니다. 작가 생텍쥐페리는 어린 왕자의 입을 빌려 '세상에서 가장 어려운 일은 사람의 마음을 얻는 일.'이라 말했습니다. 그

의 말대로 사람의 마음을 얻는 일은 어렵습니다. 하지만 부모와 자식은 다릅니다. 10대가 되어 방문을 닫고 제발 아무 말도 하지 말라고 비명을 지르는 아이들조차 아주 간절하게 부모가 자신의 마음을 열어 주기를 바라고 있습니다. 힘들 때 기댈 수 있고, 따뜻한 충고에 마음이 든든해지는 그런 부모를 기다리고 있습니다.

그러니 10대 아이의 방문을 열기 전에 아이가 기다리고 있는 것이 무엇인지 아는 것이 중요합니다. 어떤 표정으로 무슨 말을 할지 조금만 준비한다면 분명 아이가 환한 미소로 맞이해 줄 겁니다. 제가 드리는 제안들이 모든 문을 열 수 있는 만능열쇠는 아니지만, 우리 아이의 마음의 문에 꼭 맞는 열쇠를 찾을 수 있을 거라 기대해 봅니다.

우리 아이의 10대가 눈부시게 성장하고 변화하는 마법의 시간이 되기를 바라며.

2019년 여름에
이임숙

차 례

1부

우리 아이,
왜 이러는
건가요?

청소년들의 가장 큰 고민은
무엇일까?

불안하고 간절한 부모의 마음

우리 아이는 황금 같은 청소년기를 왜 이렇게 보내고 있을까?

열정을 불사르며 미래를 위해 노력해야 할 중요한 시기에, 왜 딴
짓만 하고 있을까?

도대체 어떻게 해야 아이가 달라질 수 있을까?

부모의 애타는 마음을 과연 우리 아이들은 알고는 있을까?

사춘기 청소년들. 아무 생각이 없어 보인다. 그저 틈만 나면 스마
트폰을 붙들고 게임이나 하고 SNS만 들여다본다. 공부는 뒷전이고
시간이 갈수록 성적은 떨어진다. 혹시 예체능 쪽으로 재주가 있거

나 뭔가 다른 것에라도 관심이 있기를 바라지만, 아이는 그마저도 시큰둥하고 열정도 열의도 보이지 않는다. 열심히 뒷바라지하고 밀어주고 싶어도 밀어줄 게 없으니 부모는 속이 터진다. 성적 오르기를 바라는 부모 마음이 뭐 그리 과한 욕심이라고, 아이는 오히려 신경 끄라며 대든다. 이러다 좋은 대학을 갈 수 있을지 걱정이 태산이다. 주변에서는 학교 폭력을 당하는 것도 아니고 사고를 치는 것도 아니니 학교 잘 다녀 주는 걸 감사하게 생각하라지만, 그런 마음은 들지 않는다. 그저 열심히 알아서 잘하는 남의 집 아이가 부러울 뿐이다.

청소년 자녀를 둔 부모의 마음은 이렇게 뭐라 말할 수 없이 불안하고 간절하다. 제발 우리 아이 좀 달라지게 해 달라고, 어떻게 하면 좋을지 방법 좀 알려 달라고 요청한다. 오랫동안 상담을 진행하면서 무수히 들어 온 청소년 부모들의 아픈 마음이다. 힘든 부모의 마음과 답답한 아이의 마음이 상담자인 나의 마음에 깊숙이 들어와 24시간 고민하게 한다. 한 번만 휘둘러도 아이의 마음이 확 달라지는 요술 지팡이가 있으면 좋겠다. 하지만 그런 일은 없다. 안타깝게도 청소년은 많은 정신과 의사들과 심리상담사들의 블랙홀이기도 하다. 그만큼 청소년의 마음을 헤아려 변화로 나아가는 길이 쉽지 않다는 의미다. 왜 이렇게 어렵게 느껴질까? 왜 청소년들은 잘 변하지 않고 자신의 문제를 부모나 환경 탓으로 돌리고, 스스로 변하려는 노력은 하지 않는 걸까? 과연 아이들이 변화할 묘수는 없는 걸까?

그런데 여기에 대한 답을 찾기 전에 짚어야 할 중요한 사실이 하나 있다. 아이의 변화가 어렵게 느껴지는 가장 큰 이유가 바로 아이의 문제 행동을 바라보는 부모의 시각이라는 것이다. 부모가 하소연하는 모든 문제들이 정말 사실일까? 과연 청소년들은 부모가 보는 것처럼 정말 아무 생각 없이 놀기만을 바라고, 스마트폰에만 빠져 있는 것일까? 나 또한 성인이라서, 아이의 마음보다는 부모나 교사의 마음에 더 쉽게 공감이 가는 경우가 많다. 그래서 아이의 마음을 이해하기 전에 어른의 걱정스러운 눈으로 아이를 평가하는 실수를 저지르기도 한다.

그런데 정작 상담을 시작해서 청소년 아이들의 진짜 마음을 알고 나면 걱정보다는 안타까움이 더 커진다. 많은 문제의 시작이 어릴 적부터 부모가 아이를 문제로만 보거나, 부모가 의도하는 방식으로 아이를 끌고 가려는 데서 비롯된 것임을 알게 되기 때문이다. 어쩌면 아이를 달라지게 하는 것보다 더 어려운 일은 아이를 바라보는 부모의 부정적 시각과 고정관념을 바꾸는 것이라는 생각이 든다. 그래서 지금 우리 아이의 문제 행동 때문에 고민이 많은 부모에게는 정말 우리 아이가 문제투성이인지 알아보는 일이 먼저 필요하다. 과연 우리 아이는 정말 문제가 많은 걸까? 아이는 도대체 어떤 마음과 생각으로 살고 있을까?

청소년들과 대화를 나누며 늘 감탄하는 지점은 사춘기가 되어 태도가 까칠해지기는 했지만 아이들은 여전히 의미 있고 가치 있는 삶을 살고 싶은 열망이 매우 강하다는 것이다. 하지만 그 방법을 몰라 발버둥치고 있다. 마음은 굴뚝같은데 방법을 모르니 혼란스럽다. 이런 고민을 부모님이나 선생님께 말하면 결론은 항상 '공부 열심히'라는 한 가지 길로 통한다. 꼼짝하지 말고 책상에 앉아 재미도 없고 의미도 없는 공부, 아무리 들여다보아도 머릿속으로 들어가지 않아 고통스러운 공부나 하라는 결론은 또 다시 아이를 좌절하게 만든다. 상담자에게 제발 공부를 열심히 하게 만들어 달라며 요청하는 아이도 있다. 부모는 아이가 공부를 안 해서 걱정이고, 아이는 공부가 안 돼서 걱정이다.

아이는 공부에 대해 부모보다 더 많이 고민하고 있다. 그런데 아이가 공부 때문에 고민이 많다는 말을 부모에게 전하면 그 또한 믿지 않는 부모가 더 많다. 고민이 많으면 공부를 하면 되지 않느냐고 반문한다. 부모 자신의 청소년기를 조금만 기억해 봐도 아이의 마음이 이해가 될 텐데, 현실의 안타까움이 커서 아이의 마음을 이해할 여력이 없는 것 같다. 아이의 행동을 변화시키려면 아이의 마음을 이해하는 것부터 시작해야 한다. 사람이 어느 순간 180도로 달라지는 일은 별로 없다. 마음이 변해야 행동도 변한다. 그런 변화를 원한다면 아이를 보는 부모의 시각이 달라져야 하고, 눈에 보이지 않는 우리 아이의 가능성과 잠재력을 엿볼 수 있어야 한다. 이제 사춘기 청소년 아이의 마음을 제대로 이해해 보자.

청소년의 고민 1위는?

  아무 생각 없이 시간만 허비하는 것 같은 우리 아이들의 속마음은 의외로 부모들의 마음과 비슷하다. 통계청이 만 13세 이상 가구원 39,000명을 대상으로 조사한 「2018년 사회조사보고서」를 보면 13~18세 청소년들의 가장 큰 고민은 '공부'이다. 성적과 자기 적성을 포함한 공부 고민이 전체 고민의 47.3%를 차지한다. 다음 고민은 외모(13.1%)와 직업(12.3%) 순이며 그 뒤를 이어 용돈 부족(5.8%), 친구(4.5%), 신체적·정신적 건강(4.0%) 순이었다. 그리고 힘겨운 중고등학교 시절을 지나 청년기로 접어드는 19~24세 청소년들의 가장 큰 고민은 공부에서 직업 문제(45.1%)로 옮겨 간다.

  게다가 성적과 진학 문제는 청소년 자살 충동의 주된 이유이기

청소년이 고민하는 문제

	계	외모	건강	가정 환경	가계 경제 어려움	용돈 부족	공부 (성적, 적성)	직업	친구 (우정)	이성 교제 (성 문제 포함)	기타	고민 없음
2016년	100.0	10.7	4.8	2.0	5.8	4.2	32.9	28.9	2.2	1.6	1.7	5.2
2018년	100.0	10.9	5.4	1.7	4.8	4.9	29.6	30.2	2.5	1.8	1.8	6.4
2018년 (13~18세)	100.0	13.1	4.0	1.6	2.4	5.8	47.3	12.3	4.5	1.4	2.4	5.3
2018년 (19~24세)	100.0	9.0	6.6	1.9	6.8	4.2	14.9	45.1	0.8	2.2	1.3	7.3

기타: 흡연, 음주, 학교 폭력, 인터넷 중독 포함

(단위: %)

도 하다. 13~19세 청소년 중 4.4%가 지난 1년 동안 '한 번이라도 자살하고 싶다는 생각을 해 본 적이 있다.'라고 응답했는데, 그 첫 번째 이유가 성적 및 진학 문제(35.7%)였으며 그 다음으로 경제적 어려움(14.5%), 가정불화(14.0%), 외로움과 고독(13.1%), 친구 문제(11.1%)가 차지했다.

이러한 통계 자료는 우리가 미처 깨닫지 못했던 사실을 알려 준다. 우리 아이를 나태하게 만들고 힘들게 하는 것들이 스마트폰과 게임 중독, 친구 문제, 이성 문제, 혹은 학교 폭력 문제인 줄로만 알았는데 그렇지 않았다. 부모만 안달복달하며 공부를 중요하게 생각하는 것 같았지만 전혀 아니었다. 아무리 부모의 마음이 안타깝다 해도 아이 자신이 공부를 잘하기를 바라는 마음은 부모보다 더 간절하다. 부모 마음이 아무리 절절하다 해도 자기 자신이 뛰어난 성취를 이루기를, 좋은 직업을 갖기를 갈망하는 정도를 따라갈 수는 없다.

부모가 오해하는 부분이 바로 이 지점인 것 같다. 자식이 잘 되기를 바라는 부모의 마음이 아이 자신의 마음보다 더 간절할 거라는 오해. 그래서 아이보다 늘 앞서가며 무작정 끌어당겨야 한다고 여기는 건 아닌지 생각해 볼 일이다. 부모가 그러는 사이 고민 많은 청소년 아이의 속마음은 좌절에서 절망으로 치닫기도 한다.

아침 자습 시간에 엎드렸다. 깨어 보니 3교시가 끝났다.

6교시가 끝난 거면 얼마나 좋았을까. **(고1 남학생)**

　학교에 가기는 하지만, 잠만 자며 시간을 죽이고 있다. 이렇게 힘들게 버티는 아이에게 수업 시간에 잠만 잔다고 혼낸다면 그 다음에 아이는 무엇을 할 수 있을까?

　　생일날 죽어 버릴 거라고 혼자 생각했다.
　　생일이 오기 전에 죽어 버릴까 생각도 했다.
　　막상 생일이 되었는데 아직…… 다음 시험 전에는 꼭. **(중3 여학생)**

　이 글을 쓴 아이는 학교도 잘 다녔고, 친한 친구도 두 명 정도 있고, 성적도 중상위권이었다. 하지만 얼굴에서 웃음이 사라진 지 오래였다. 가끔 팔목에 상처가 생기는데 물어봐도 그냥 긁혔다고만 했다. 엄마는 아이가 의욕 없이 학교, 학원, 집을 오가기만 하는 모습이 속상해서 볼 때마다 "열심히 해라. 집중 잘 해라." 하고 조언했다. 그럭저럭 부모의 말에 순응하고, 반항도 잘 하지 않는 아이라 저런 생각을 하고 있을 거라고는 꿈에도 몰랐다. 그저 아이가 우울하고 힘이 없어 보여 혹시 친구 문제가 생겼나 걱정스러운 마음에 일기장을 들춰 보다 발견한 글이다. 엄마의 충격은 말로 표현할 수 없었다. 아이가 무슨 생각을 하는지 알지도 못한 채 잔소리만 한 엄마는 무척 괴로워했다. 알고 보니 팔목의 상처는 자해의 흔적이었다.

누가 괴롭혀서도 아니었고, 왕따를 당해서도 아니었다. 노력해도 안 될 것 같은 불안과 더 이상 힘든 생활을 계속할 수 없을 것 같은 절망의 표현이었다.

소중한 우리 아이들이 성적과 진학 문제로 고통스러워하고 있다. 다그치기만 하는 부모에 대한 원망, 잘하지 못하는 자신에 대한 절망, 아무도 자기 마음을 몰라준다는 외로움과 고독감에 몸부림치며 삶과 죽음을 놓고 저울질하고 있다. 이런 사실을 외면하고 아이를 원망하고 비난하기만 한다면 새로운 길을 찾는 일은 어렵다. 어쩌면 우리 아이가 스마트폰만 붙들고 있고, 공부에 집중하지 못한 채 반항적인 태도를 비치는 건 아이가 표현할 수 있는 최대한의 구조 신호가 아닐까? 이렇게 힘들어하는 아이를 부모는 더 괴롭히기만 하고 있었던 것은 아닌지 반성하게 된다.

사춘기는 마법의 시간

긴 시간 청소년들과 상담을 하고 있지만, 자발적으로 오는 아이는 극소수이다. 대부분 저렇게 반항적인 행동이나 무기력함으로, 또는 짜증내고 회피하는 모습으로 도와 달라고 에둘러 표현하고 있을 뿐이다. 부모가 할 일은 그런 아이의 마음을 보살펴 아이 스스로 자기가 원하는 모습으로 훌쩍 성장하도록 도와주는 일이다.

그런데 사춘기 청소년의 마음을 돌보는 일은 열 살 이전의 아이를 돌보는 것과는 전혀 다른 접근, 다른 방법, 다른 언어여야 한다. 청소년은 아이이면서 어른이고, 철부지이면서 성숙한 존재이다. 아직 덜 컸지만 다 컸다고 생각하고, 미숙하면서 완벽하다고 자만하기도 한다. 지금 자신이 겪는 작은 세상이 세상의 전부라고 착각하기도 한다.

사춘기 증상이 나타나기 시작하는 열한 살쯤부터 대학생이 되거나 사회인으로 첫발을 내딛는 스무 살까지, 아이가 10대로 보내는 시간은 어때야 할까? 그 10년은 앞으로 어떤 사람으로 살아갈지 방향을 정하고, 작은 것부터 하나씩 준비해 가는 시간일 것이다. 아이가 자기 존재의 의미를 찾고, 삶의 즐거움을 찾아 여정을 떠나는 시간이다. 한 사람의 삶 전체를 하루 24시간으로 생각해 보면, 10대는 새벽 3~6시 정도가 될 것이다. 이 새벽에 부모가 해야 할 일은 무엇일까? 왜 우리 아이는 하루가 채 시작되지도 않은 새벽부터 짜증을 내고 좌절하고 앞이 막막하다고 말하고 있을까? 어쩌면 부모뿐 아니라 사회 전부가 아이들에게 새벽같이 일어나 준비하지 않으면 사회에서 도태될 거라 겁주고 있어서는 아닐까?

어른들은 청소년기에 인생이 다 걸려 있는 것처럼 아이를 다그친다. 그러나 청소년기는 아직 푹 자며 에너지를 모으고 행복한 꿈을 꾸어야 하는 시간이다. 기분 좋게 잠에서 깨어나 즐겁고 신나게 하루를 살아갈 준비를 하는 시간이다. 이런 아이에게 세상은 무서운

곳이니 열심히 공부해야 한다는 것만 알려 주면 아이는 겁에 질려 버린다. 해야 할 일만 엄청나게 많고, 아무리 힘들어도 극복해야 하고, 다른 사람과의 경쟁에서 뒤처지면 안 되고, 혹시 제대로 못 하면 혼쭐을 내겠다고 협박하고 있다면 아이는 시작도 하기 전에 이미 도망갈 궁리만 하게 된다

사춘기는 마법의 시간이다. 작고 사랑스럽기만 하던 아이, 울면서 엄마 아빠의 손길을 바라던 아이, 제대로 할 줄 아는 게 하나도 없던 아이가 마법처럼 변화하는 시간이다. 엄마 아빠의 키를 훌쩍 넘을 만큼 성장하고, 무거운 짐은 자신이 들겠다며 나서고, 찻길에서 엄마를 안쪽으로 걷게 하며 보호해 줄 줄도 알게 된다. 때론 부모가 생각지도 못한 아이디어를 내기도 하고, IT 세상에서의 능력은 부모를 훌쩍 넘어선다. 이렇게 신기한 마법이 또 있을까?

이러한 마법이 악몽이 되지 않았으면 좋겠다. 다 널 위해 하는 말이니 참고 들으라는 강요와 억압이 사랑이라는 이름으로 포장되어서도 안 된다.

청소년기 10년은 그 이전의 10년보다 더욱 섬세하고 전문적인 부모의 도움이 필요하다. 그런데 부모인 내가 심리적으로 지치고, 화가 나서 어쩔 줄 모른다면 아이를 원망하고 싶어진다. 그래서야 아이를 제대로 도와줄 수가 없다. 마음이 진정되고 평정심을 유지한 상태여야 지혜롭고 현명하게 아이를 도와줄 수 있다. 부모인 나의 마음을 먼저 살펴보자. 힘들면 잠시 쉬어야 하고, 아픔이 크면 치유

해야 한다. 지치고 소진되어 있다면 다시 에너지를 회복해야 한다. 지금까지 무엇이 그리 힘들었는지 차근차근 짚어 보자. 최선을 다했건만 엄마도 아빠도 아이도 뭔가 잘못되고 있다고 느낀다면 이제 하던 걸 멈추고 서로를 살펴볼 시간이다.

아이의 변심에
화가 나는 부모들

아이가 이럴 줄 몰랐어요

** 초등학교 6학년 딸아이를 둔 엄마입니다. 요즘 아이들 사춘기가 이렇게 빨리 오는지 몰랐습니다. 작년부터 아이가 변한다 싶더니 요즘은 자기 마음에 안 들면 두 살 아래 남동생한테 고래고래 소리를 질러 대고, 동생을 때리기 일쑤입니다. 어제는 용돈을 더 달라고 하기에 다음 용돈 주는 날까지 기다리라고 했더니 거실에 주저앉아 대성통곡을 하며 돈 달라고 고집을 피웠어요. 아이의 막무가내 행동을 어떻게 다루어야 할지 모르겠어요. 예전엔 말로 혼내면 알아들었어요. 또 아주 가끔이지만 매를 들면 아이가 수긍을 했어요. 그런데 작년 말에는 아이가 회초리를 잡고선 더 심하게 반항하더라고요. 이젠 매

를 쓰면 안 되겠다고 생각했지만 도무지 방법이 없네요. 어떻게 해야 우리 아이 사춘기가 무사히 지나갈까요? 이제 곧 중학생인데 더 심해질까 너무 걱정됩니다.

＊ 아들이 중학교 2학년이에요. 학원 숙제를 계속 제대로 안 하고 성적이 떨어져서 한마디 하는데, 아이가 말하는 도중에 갑자기 일어나서 방문을 쾅 닫고 들어가 문을 잠갔어요. 아무리 문 열라고 소리치고 두드려도 소용이 없었어요. 남들 다 겪는다는 중2병이라지만 우리 아이만은 절대 그런 행동을 하지 않을 거라 생각했어요. 방에서 책상을 쾅쾅 치는 소리도 들려요. 방문을 두드리며 이게 무슨 짓이냐고 했더니 제발 혼자 두라며 고래고래 소리를 지릅니다. 성적도 엉망인 녀석이 어떻게 이런 태도를 보일 수 있나요? 그렇다고 제가 성적 때문에 아이를 많이 혼낸 것도 아니에요. 잔소리 안 하려고 얼마나 노력하는데요. 우리 아이에게 무슨 일이 생긴 건 아닌지 걱정이 돼서 못 견디겠어요. 혹시 왕따나 학교 폭력을 당하는 걸까요? 그렇지 않으면 그렇게 순하고 착하던 아이가 절대 이럴 리가 없어요. 우리 아이 어떻게 도와줘야 하나요? 한참 후 제가 안방에 들어가고 나면 아이가 방에서 나오는 소리가 들려요. 처음엔 그때마다 나가서 아이를 붙들고 왜 그러냐고 물어보고 혼내기도 해 봤지만, 소용이 없어요. 오히려 저를 째려보고 "좀! 상관하지 말라고!" 이렇게 소리칩니다. 아무리 사춘기라지만 너무한 거 아닌가요?

아이의 달라진 모습에 부모는 당황하고 충격을 받는다. 걱정과 불안에 어쩔 줄 모른다. 이해되지 않는 행동을 하고 이런저런 핑계를 대며 공부에서 멀어지는 아이를 보며 부모의 걱정은 헤아릴 수 없이 깊어지기만 한다. 잘 커 가는 듯 보였지만 마음은 제대로 성장하지 못했거나, 지나친 보호와 관리로 인해 심리적 갈등을 조절하는 능력이 발달하지 못했거나, 몸과 마음의 큰 변화 앞에서 무엇을 어떻게 해야 할지 몰라 좌충우돌하는 아이들의 모습이다.

아이가 달라지려면 부모가 먼저 달라져야 한다. 지금까지 힘겹게 아이를 키워 왔는데, 이제 와서 또 달라져야 한다는 말이 너무 버겁게 느껴질 수 있다. 하지만, 이제 변해야 할 때다. 사춘기 이전의 10년과 같은 모습으로 아이를 대해서는 상황이 더 나빠질 뿐이다. 어릴 적엔 마음을 알아주고 안아 주며 다독이고, 칭찬과 격려를 하면 아이는 쉽게 달라졌었다. 하지만 청소년은 이제 그런 정도의 당근으로는 전혀 변화가 없다. 우리 아이가 왜 이러는지 알고 싶다면, 어떻게 하면 달라질 수 있을지 알고 싶다면 가장 먼저 아이의 마음을 살펴봐야 한다. 중학교 3학년 시진이의 이야기를 통해 아이가 왜 그런 행동을 하는지, 부모의 대응 방식에 따라 아이가 어떻게 달라질 수 있는지 알아보자.

중2병 증상이 심한 시진이

＊ 얼마 전 중학교 3학년이 된 아들이 공부를 안 합니다. 애 키우는 게
다 힘들다지만 초등학교 때까지 시진이는 그렇지 않았어요. 공부도
잘하고 상도 종종 받아서 자랑스러울 때도 많았습니다. 말도 순순
히 잘 듣는 아이였어요. 그런데 중학교에 입학한 후 첫 시험에서 겨우
중간쯤에 맴돌기 시작하더니 성적이 점점 더 떨어졌어요. 언젠가부터
공부하고 담을 쌓은 것 같아 정말 미치겠어요. 게다가 작년부터 온갖
중2병 증세는 모두 부리고 있습니다. 말 붙이기도 겁나고 혹여 성질
건드렸다가 무슨 사고라도 날까 싶어 아무 말도 못합니다. 속이 터져
미쳐 버릴 것 같습니다. 제발 저 좀 도와주세요. 어제는 학원 숙제 좀
제대로 하라고 한마디 했더니 소리를 지르고 집을 나가 버렸습니다.
신발 신을 때 붙잡았지만 아이가 세게 뿌리치는 바람에 제가 주저앉
기까지 했어요. 그러고선 밤 12시가 넘어서 들어왔어요. 얼마나 화가
나던지 정말 때려 주고 싶었지만 그러다 또 나갈까 봐 무서워서 그냥
씻고 자라고만 했습니다. 도대체 왜 이러는 건가요? 어떻게 해야 아
이가 달라질 수 있나요?

상담실에서 시진이를 만났다. 엄마와 그런 사건이 있었던 청소
년이 그래도 상담을 하러 왔다는 사실은 매우 중요하다. 억지로 엄
마가 끌고 올 수 있는 나이도 아니고, 협박도 설득도 잘 통하지 않

기 때문이다. 무언가 아이 마음속에 상담을 받을 이유가 있기 때문에 올 수 있는 것이다. 겉으로는 엄마 때문에 왔다고 말하지만, 실제로는 스스로 상담실을 찾아온 것이기에 너무나도 고마운 마음이 든다. 바로 이 부분이 앞으로 상담에서 문제를 해결할 열쇠가 된다. 먼저 엄마와의 관계가 그렇게 악화되었음에도 불구하고 어떻게 상담을 받으러 올 수 있었는지 물었다. 시진이는 이렇게 대답했다.

계속 이렇게 살 수는 없잖아요.

시진이의 말 속에 지금 이 상황 때문에 자신도 너무 괴로워하고 있음이 드러나 있었다.

'이렇게'라는 건 어떤 걸 말하는 거야?
제대로 하는 것도 없고, 성적도 엉망이고, 학교도 가기 싫고, 아무도 날 좋아하지도 않고.

시진이가 하는 말을 그대로 받아써 보았더니 네 가지 주제가 나왔다. 성적 걱정, 학교 가기 싫은 등교 거부 증세, 아무것도 잘하는 게 없다고 생각하는 자존감 저하, 그리고 무엇보다 인간관계에서의 좌절감을 표현하고 있었다. 아이가 자신의 어려움을 여러 방향으로 표출할 때 가장 먼저 접근할 부분은 공부 문제가 아니다. 부모 입장에서는 성적이 좋아지면 모든 게 다 잘 풀릴 거라 생각하고, 어떻게 든 아이가 공부를 더 열심히 하게 만들어 달라고 요청하는 경우가 많다. 아이가 힘겨운 중2병을 겪는 근원적인 문제가 공부일 수 있지만, 일단 현재 자신이 가장 힘겹게 느끼는 문제부터 차근차근 풀어가는 것이 중요하다. 아이가 가장 어렵게 느끼는 문제가 무엇인지, 그 문제를 겪으며 자신에 대한 생각이 어떻게 바뀌었고, 왜 모든 게 무의미하고 공부도 하기 싫은지 찬찬히 알아봐야 한다.

엄마는 늘 하던 대로 너에게 잔소리를 했을 뿐인데 그날따라 네가 그렇게 화가 폭발한 이유가 있을 것 같아. 무슨 일이 있었던 거 아니니? 이유를 말할 수 있겠어? 혼자 속 끓이지 말고 털어놓고 편안해지자. 말하는 것만으로도 속이 편해진다는 거 너도 알잖아. 다시 한 번 강조하지만, 비밀 보장!

대체 왜 그렇게 화가 나서 집 밖으로 뛰쳐나갔는지 시진이에게 물었다. 다행히 상담 초기부터 상담자와의 신뢰가 있었던 시진이는 무슨 일 때문에 그렇게 행동했는지 말해 주었다. 최근 시진이가 무척 예민하고 기분이 우울했던 이유는 다른 데 있었다. 좋아하는 여자아이가 생겼고 그 마음을 친한 친구에게 털어놓았는데, 그 친구도 그 여자아이를 좋아한다고 했다. 조금 당황스러웠지만, 그래도 친한 친구라 별 생각 없이 지나갔다. 그런데 며칠 후, 그 친구가 그 여자아이에게 고백을 했고 둘이 사귀게 되었다는 이야기를 들었다. 시진이는 좋아하는 여자아이가 생기면 엄마한테 허락을 받아야 한다고 생각했다. 하지만 엄마는 당연히 반대할 것 같아 말도 못 꺼내고 망설이다 친구에게만 말했는데, 오히려 그 친구가 먼저 선수를 쳐서 마치 여자 친구를 빼앗긴 꼴이 된 것이었다. 친구에게 배신당하고 말도 제대로 못 하는 자신이 너무 한심하고 멍청한 것 같아 화가 난다고 했다. 둘이 사이좋은 모습을 보는 게 너무 괴롭고 그래서 공부도 숙제도 도통 할 수 없는데, 엄마가 잔소리를 하니 자기도 모르게 엄마에게 폭발한 것이었다.

화를 내고 집을 나간 후, 시진이는 거리를 돌아다녔다. 밤이 깊어지자 다른 친구에게 재워 달라고 부탁했지만 거절당했고, 자존심은 상하지만 할 수 없이 다시 집으로 돌아왔다. 엄마에게 엄청 혼날 것을 각오했는데, 엄마는 "밥은 먹었어? 식탁에 간식 있어. 씻고 먹고 자." 하고는 다시 안방으로 들어갔다. 시진이도 아무 말 없이 욕실로 들어갔다. 그날 밤은 그렇게 모두 조용히 잠자리에 들었다.

다음 날 아침, 시진이는 엄마에게 사과를 했고 제 시간에 맞춰 학교에 갔다. 그 후 며칠 동안 꼬박꼬박 숙제도 잘 하고 성실한 모습을 보이고 있었다. 하지만 시진이 엄마는 시진이가 며칠 동안 잠잠하기는 해도 언제 다시 폭발할지 모른다며 불안해하고 있었다. 시진이는 자신의 이야기를 엄마에게는 비밀로 해 달라고 했다. 특히 이번 사건을 겪으면서 아무도 자신을 좋아하지 않는 것 같은 마음이

들고, 자기 자신이 쓸모없는 인간이라는 느낌이 들었다고 말했다. 시진이는 이런 마음을 엄마가 아는 것을 불편해했다.

그런데 여기서 우리가 눈여겨보아야 할 것은 어떻게 시진이가 마음을 진정하고 며칠 동안 자기 생활을 잘 유지했는가 하는 것이다. 먼저 그 부분을 들여다보아야 시진이가 스스로 자신이 어떤 사람인지 어떤 힘이 있는지 알 수 있으며, 지금 고민하고 있는 것의 해답을 찾아갈 수 있다.

시진이가 달라진 이유

며칠 동안 네가 진정하고 자기 생활을 잘할 수 있었던 이유는 뭘까? 네가 화를 냈던 상황 중에서 달라진 건 하나도 없는데 말이야. 여전히 너는 친구에게 배신감을 느끼고, 네가 좋아한 그 여자아이는 네 마음을 알지도 못하고, 둘이 사이좋은 모습에 질투도 나고 화도 날 텐데 말이야. 어떻게 진정할 수 있었어?

시진이는 아주 담담하게 이렇게 말한다.

몇 가지 이유가 있어요. 첫째, 다시 집에 들어갔을 때 엄마가 화를 안 냈어요. 그게 너무 고마웠어요. 둘째, 엄마가 절 위로해 줬어요.

엄마는 네가 나간 진짜 이유를 모르시던데?

　엄마가 그건 몰라도 그냥 다음 날 "엄마가 잔소리한 거 너무 싫었
지? 엄마도 심하게 한 것 같아 미안한 마음이 들었어."라고 했어요.
그 말만 들어도 그냥 위로받은 것 같았어요. 그리고 저랑 대화도 많
이 해 줬어요. 요즘 학원 숙제도 제대로 못 해 가고 평가도 나빴는데,
예전에는 엄마가 화만 냈는데 이번에는 저를 기다려 주고, "숙제가
너무 많으면 선생님께 부탁해서 좀 줄여 달라고 할까?" 이렇게 먼저
말해 줬어요. 그런 제안도 좋고 화도 안 내니까 좋았어요.

　시진이는 엄마의 어떤 행동이 자신을 진정시켰는지 잘 알고 있었
다. 엄마가 화내지 않고, 위로해 주고, 개선 방향을 제안해 준 것이
그렇게 큰 힘이 되었나 보다. 좋아하는 여자아이가 자신의 친한 친
구와 사귀게 된 상황은 전혀 달라지지 않았음에도 불구하고, 엄마
가 아이를 대하는 태도가 달라지자 그 문제에 대한 스트레스도 견
딜 수 있게 된 것이다.

　물론 시진이는 아직 스스로 감정 조절을 잘 하거나 대안을 만들
어 낼 힘은 부족하다. 하지만 이런 능력은 앞으로 아이가 배우고 터
득해 가야 할 능력이다. 시진이가 좀 더 성숙해진다면 자신이 감정
조절을 잘 하지 못했음을 자각하고, 그 점을 엄마에게 사과하고, 자
신이 잘못하고도 왜 화를 냈는지 진솔하게 말할 수 있어야 한다. 하
지만 아직 그렇게까지 주체적인 모습이 아니라고 해서 너무 걱정할

필요는 없다. 엄마의 대응 방식이 달라짐에 따라 시진이가 마음의 변화를 경험했다는 사실이 중요하다. 이런 경험이 여러 번 누적되면 스스로 마음속에 긍정적인 사고 패턴이 만들어지게 되고, 점차 자동화된다. 그런 수준이 되면 아이는 화가 나도 쉽게 감정을 조절하고, 더 나은 표현을 사용하고, 엄마 아빠와 같은 편이 되어 자신이 맞닥뜨린 현실적인 문제들을 창의적으로 해결해 가게 되는 것이다.

이제 이쯤에서 시진이가 지닌 내면의 힘이 무엇인지 살펴보자. 시진이는 엄마에게 폭발하듯 화를 내고 집을 나갔다. 잠을 잘 데가 없다는 현실적인 어려움 때문에 집으로 돌아왔지만, 이 부분에서 시진이를 무척 칭찬해 줄 점이 있다. 시진이는 자신을 위험에 빠뜨리지 않았다. 재워 달라고 부탁한 친구에게 거절당하고, 잘 곳을 구하지 못하자 다시 집으로 돌아올 만큼 현명한 선택을 할 수 있었다. 현명한 선택이라는 말이 과한 것 같다면 반대의 상황을 한번 생각해 보자. 공연한 자존심에, 엄마에게 지기 싫어서, 집에 들어오지 않고 공원 벤치를 찾거나 위험한 밤거리를 정처 없이 돌아다녔다면 어땠을까? 아이가 집을 뛰쳐나간 건 분명 잘못한 일이지만, 그 상황에서 아이가 무슨 생각을 하고 어떤 선택을 하는지 볼 줄 모르면, 우리는 아이를 극단적인 선택으로 내몰 수도 있다. 그러니 시진이가 위험한 상황에 자신을 더 이상 방치하지 않고 밤 12시에 집으로 돌아왔다는 사실은 충분히 지지받고 칭찬받아야 할 일이다.

무엇보다도 시진이가 변화하도록 만든 가장 큰 요인은 시진이의 엄마가 마음 조절에 성공한 것이다. 시진이 엄마는 그 순간 화를 더 내면 아이가 다시 집을 나가버릴 것 같아 겁이 나서 화를 참은 것뿐인데, 그게 그렇게까지 큰 작용을 했다는 사실이 믿어지지 않는다고 했다. "그게 아이에게 그렇게 중요한 건가요?"

매우 중요하다. 엄청 중요하다. 십여 년 동안 부모의 자식으로 살면서 잘못하면 혼나고 잔소리 듣는 것에 익숙해질 만도 하지만, 사람의 마음은 그렇지가 않다. 지속적으로 혼나면 스스로 자신이 무능력하다고 생각하게 되고, 그런 자신을 더 싫어하고 미워하게 되며, 점점 무기력해져서 더 이상 아무것도 시도하지 않게 된다. 심하면 부모를 원망하고 복수심까지도 품게 된다. 자신에게 날마다 주어지는 과제를 제대로 수행하지 못하는 건 당연하다. 그런데 집을 뛰쳐나가 밤늦게 들어온 자신에게 화를 내지 않는 엄마의 모습은 아이가 예상치 못한 반응이었다. 처음엔 의아했지만 점차 그 느낌이 좋았고, 엄마에게 감사한 마음이 들게 되는 것이다. 그런 감사함의 느낌이 아이를 변화하게 만든다. 엄마의 '약간의 노력'과 시진이의 '스스로를 지키는 힘' 덕분에 한 번의 작은 성공 경험이 생겼다. 중요한 것은 이번 경험을 통해 자신이 어떤 생각을 했고 어떤 깨달음을 얻었는지 이야기를 나누는 일이다. 그래야 그것이 자신의 행동을 결정하는 신념과 가치관으로 자리 잡을 수 있게 되기 때문이다.

이제 시진이가 가지고 있는 문제 중 현상적인 문제를 한 꺼풀 벗기고 그 속에 숨어 있는 근원적인 문제를 다루어야 한다. 초등학교 때 공부도 잘하고 엄마에게 자랑스러운 아들이었던 시진이가 왜 중학생이 되면서 공부에 흥미를 잃고 점점 무력해졌는지 살펴보았다.

너, 초등학교 때 공부를 굉장히 잘했다고 들었어. 맞아?

네, 그땐 잘했죠.

어떻게 잘할 수 있었어?

그냥, 엄마가 시키는 대로 했으니까.

정말 시키는 대로 다 했어?

안 하면 혼나니까.

안 했을 때 어떻게 혼났어?

TV도 못 보고, 게임 금지 당하고, 친구랑 놀지도 못하고, 심하면 맞기도 하고…….

시진이가 공부를 손에서 놓은 원인이 드러나기 시작했다. 단순히 하기 싫어서가 아니었다. 부모가 강제로 시키고 안 하면 혼내는 억압적 태도와 체벌이 어릴 적엔 먹혔지만, 아이가 사춘기가 되고 중학생이 되면서 먹히지 않았던 것이다. 조금 다르게 말하면, 힘이 약해서 당하기만 하던 아이가 엄마만큼 키도 덩치도 커지고, 더 이상 참기 어렵다는 마음이 생기면서 나타난 결과일 뿐이었다.

시진이에게 필요한 건 단순히 공부를 열심히 하도록 도와주는 것이 아니었다. 엄마와의 관계에서 겪었을 아픔과 상처, 포기와 좌절에 대해 다루어야 한다. 시진이가 경험한 과정은 우리나라의 많은 아이들이 겪어 온 것과 크게 다르지 않다. 체벌의 유무만이 조금 다를 뿐 잔소리, 억압, 강제, 혼나는 과정은 거의 비슷하다. '난 그렇게 심하지 않았는데.'라고 생각할 수도 있겠지만, 조금 친절하게 혼을 내건, 거칠게 혼을 내건 아이 입장에서는 비슷하다. 시진이와 엄마와의 관계 회복, 시진이가 스스로 잘해 온 것들을 알아가는 과정, 그리고 시진이가 변하도록 도와줄 수 있는 것들에 대해서는 3부에서 좀 더 깊이 살펴보자.

문제가 터진 후에
후회하는 부모들

너무 멀리 가 버린 듯한 아이들

* 아들이 중2입니다. 언젠가부터 아이가 절 째려보는 눈빛에 겁이 나기 시작했어요. 1학년 1학기 때는 친구들에게 짜증을 많이 내고 심한 욕을 해서 친구들이 선생님께 신고한 적도 있습니다. 2학기는 자유학기제라 그나마 조금 줄었다고 합니다. 그런데 2학년이 되고 나서는 수업 시간에도 소리 지르며 반항적으로 행동한다고 합니다. 아이가 공부를 잘하는 편이라 중학교 입학 전 겨울방학부터 유명한 학원을 보내며 공부를 많이 시킨 게 스트레스가 된 것 같습니다. 한번은 자기가 얼마나 힘든지 아느냐고 울면서 저한테 말한 적이 있어요.

초등학교 때는 시키는 걸 제대로 안 하면 체벌도 했습니다. 엄마가 욕심을 낸 것도 있지만, 아이가 곧잘 하기에 시키면 시키는 만큼 더 잘할 것 같아 그랬습니다. 요즘은 공부 때문에 때리는 일은 없지만, 친구 관계에서 문제를 일으켜 다른 학부모에게 항의 전화를 받으면 엄청 혼을 내고 때리기도 합니다. 그러면 안 된다는 걸 알지만……. 제가 결혼 전부터 시댁과 남편한테 받은 스트레스가 고스란히 아이에게 가서 터지는 것 같아요. 한번 화를 내면 분노를 잘 조절할 수가 없었습니다. 그런데 이젠 아이가 제게 복수하는 것 같아요. 엄마인 제게도 막말을 하거나 혼잣말처럼 욕을 하기도 해요. 집에서 동생이 조금만 부딪혀도 심한 욕을 하고, 주먹을 휘두르며 협박을 하거나 때리기도 합니다. 이젠 힘이 세져서 조금만 때려도 동생은 비명을 지릅니다. 날마다 지옥 같아요. 그래도 다행인 건 진정하고 나면 미안하다고 사과할 줄은 알아요. 이러다 아이의 폭력적인 모습이 습관이 될까 봐 무섭고, 성질만 내다 공부를 안 하게 될까 봐도 두렵습니다. 엄마가 아이를 무서워한다는 게 말이 되나요? 우리 아이 좀 도와주세요. 제발 저 좀 살려 주세요.

　＊ 고1 딸아이를 둔 엄마입니다. 벌써 3년째 아이의 사춘기를 너무 너무 힘들게 지나고 있습니다. 몰래 화장하고 다니는 건 당연하고, 학원 땡땡이치고 친구와 어울리느라 늦게 들어오고, 엄마 지갑에서 돈을 훔치고……. 아이의 행동이 날이 갈수록 심해지기만 합니다. 엄마로서 어떻게 하면 딸아이를 이해하고 이 성장통을 무사히 지나

갈까 하는 생각에 책과 인터넷도 다 찾아보고, 먼저 겪은 선배들에게 조언을 구해 보기도 합니다. 하지만 아무리 노력해도 달라지는 게 없어요. 게다가 아이 아빠는 오로지 강압적인 방법으로 아이를 잡으려고만 해요. 아이에게 그럴 거면 차라리 집을 나가라고 소리치고, 손에 잡히는 걸 집어던지기도 했어요. 아이도 아빠에게 자기한테 해 준 게 뭐가 있냐며 대들었어요. 그래 봤자 반항만 더 심해지는데, 소용없다고 해도 아빠가 폭발하면 그것도 말릴 수가 없어요.

벌써 두 달째 아이와 아빠가 서로 눈도 마주치지 않고 말도 하지 않습니다. 딸은 아빠를 용서할 수 없다고 합니다. 아빠도 애가 어떻게 그런 행동을 하고 아빠에게 대들 수 있는지 용서할 수가 없다고 말합니다. 아이의 사춘기 행동도 너무 버거운데, 그로 인해 생겨나는 부녀지간의 갈등이 저를 더 힘들게 합니다. 아빠랑 한바탕 싸움이 있는 날은 아이가 집에 들어오지 않을까 봐 잠을 잘 수가 없어요. 밤 12시, 1시가 넘어서 들어올 때도 있습니다. 밖에서 정말 나쁜 애들이랑 어울리고 있는 거면 어떡하죠? 얼마나 예뻤던 아이인데. 어쩌다 이렇게 되었는지 모두 제 잘못인 것 같아 괴로워 죽을 것 같아요.

＊ 며칠 전 아침에 일어나니 식탁 위에 쪽지가 있었어요. 그걸 보는 순간 가슴이 쿵 내려앉았습니다. 너무 무서워서 쪽지를 펴 보지도 못하겠고, 아이 방문을 열어 보기가 너무 두려웠어요. 혹시라도 아이가……. 부들부들 떨다가 울면서 남편을 깨웠습니다. 남편이 달려가

방문을 여니 아이가 없었습니다. 쪽지에는 더 이상 엄마랑 못 살 것 같아 집을 나간다고, 학교는 갈 거니까 학교로 찾아오지 말라고, 학교로 찾아오면 완전히 숨어 버릴 거라고 적혀 있었어요. 제 마음은 동시에 두 가지 감정으로 요동쳤습니다.

'다행이다. 다행이다. 엄마가 심했어. 미안해. 이제 안 그럴 테니 제발 집으로 돌아와라.'

'괘씸하고 못된 녀석. 어떻게 엄마를 이렇게 놀라게 하지? 어떻게 혼을 내야 이런 짓을 다시는 하지 않을까? 어디로 간 거야? 나가서 개고생을 해 봐야 해!'

남편은 저를 들볶았습니다. 도대체 애가 가출할 때까지 뭘 했느냐고, 집에서 제대로 하는 게 뭐냐고. 드라마 대사처럼 제 속을 후벼 파는 말만 골라서 했습니다. 자기가 아빠 노릇 한 게 뭐가 있다고 저렇게 당당한 걸까요? 아이가 이런 짓을 하는 게 어떻게 전부 제 탓인가요? 아빠 닮아서 성격이 똑같은 걸 보니 더 괘씸하고 화가 납니다. 남편이 하교 시간에 학교로 가서 아이를 데려오기로 하고 집을 나섰습니다. 이런 아이도 달라질 수 있을까요? 이제 더 이상 부모인 제가 할 수 있는 게 없습니다. 정말 지푸라기 잡는 심정이에요.

이렇게 이미 너무 멀리 가 버린 듯한 아이의 이야기를 전해 들을 때도 무척 많다. 앞서 2장의 사례는 문제가 발생하기 시작하고 아이의 달라진 태도에 화가 나는 초기 단계라면, 이 사례들은 이미 그 과정을 거쳐 문제가 더 심각해진 상황이다. 이쯤 되면 부모의 마음은 제발 아이가 안전하기만을 바라게 된다. 그토록 부모와 아이를 괴롭혀 왔던 공부 문제는 접어 두고, 그저 별 탈 없이, 나쁜 친구들과 어울려 문제를 일으키지 않고, 위험한 상황에 내몰리지 않기를 바라는 마음만 간절하다. 이렇게 문제가 터진 후에 후회하는 부모들을 만날 때면 정말 마음이 먹먹해진다. 그동안 부모가 겪었을 좌절과 고통도 그렇고, 아이가 겪었을 괴로움과 아픔도 느껴진다. 이렇게 문제가 심각해진 경우에는 어떻게 해야 하는지, 무엇이 중요한지 중학교 3학년 현아의 이야기를 통해 살펴보자.

상담이 아니라 치료를 받고 싶어요

현아는 또래 중간 정도의 키에 약간 통통하고 예쁜 아이다. 원래 성격이 활달하고 적극적이라 친구들에게도 인기가 많았었다. 함께 어울려 놀 때면 늘 리더 역할이었고, 엄마 아빠는 그런 아이가 무척 자랑스러웠다. 그런데도 꽤나 일찍부터 문제가 발생했다. 초등학교 4학년 때 친구들과의 다툼에서 한 친구를 심하게 때려 학교폭력위원회가 열렸다. 그 후 주변의 수군거림에 민감해진 아이 때문에 결국 전학을 갔지만, 현아는 전학 간 학교에서도 적응이 어려웠다. 늘 화가 나 있고, 누군가 말을 걸어도 아예 대답을 하지 않거나 째려보기만 했다고 한다. 5학년이 되자 반에서 조금 튀는 아이들 몇 명과 함께 어울려 시내를 활보하며 놀기 시작했고, 학교에서는 특정한 아이를 지목해서 '은따'를 시키기도 했다. 그렇다고 해서 두드러진 문제를 일으킨 건 아니기에 담임선생님은 그런 일이 있을 때마다 훈계하는 정도로 그치곤 했다. 6학년이 되자 피시방에서 중학생 그룹을 만나 이른바 일진이라는 아이들과 어울리기 시작했다. 그렇게 시간이 흘러 중학생이 되었지만 여전히 학교 적응이 어려웠고, 결국 현아는 자퇴를 했다.

부모는 아이를 대안학교라도 보내려고 수소문을 하고 아이를 설득했지만 소용이 없었다. 그렇게 시간이 흘러 현아는 어느덧 열여섯 살, 중학교 3학년의 나이가 되었다. 그 사이 현아는 집에 틀어박혀 있는 시간이 더 많았고 낮과 밤이 바뀐 생활을 했다. 가끔 친구를 만나러 나가면 밤에 집에 들어오지 않기도 했지만, 엄마는 혼을 내면 아이가 더 큰 문제를 일으킬까 봐 무서워 제재를 가하지도 못했다. 현아로 인해 가정도 위태로워졌다. 오빠는 동생을 무시했고, 잘 참아 주고 기다려 주던 아빠도 이제 현아에게 먼저 말을 걸지 않았다. 엄마는 의논할 곳도 위로받을 곳도 없어 괴롭기만 했다.

그렇다면 저렇게 제 마음대로 사는 현아는 행복했을까? 그렇지 않았다. 어떤 날은 방에서 혼자 괴성을 지르고, 또 어떤 날은 우는 소리가 들렸다. 한번은 우는 소리가 나서 방에 들어가니 현아가 엄마한테 매달려 죽고 싶다고 비명을 질렀다. 그렇게 고통스러운 시간을 보내던 어느 날, 현아는 엄마에게 상담을 받게 해 달라고 요청했다.

상담 첫날, 나는 현아에게 상담을 통해 어떤 도움을 받고 싶은지, 어떤 점이 달라지기를 바라는지, 자신에게 어떤 변화가 생기기를 바라는지 물었다. 현아의 첫마디는 이랬다.

> 전 상담받고 싶지 않아요. 선생님이 물어보는 거 다 대답할 수 있어요. 제가 어떻게 지냈는지, 왜 이렇게 되었는지, 무슨 사건이 있었는지 다 말할 수 있어요. 그런데 그런 말을 한다고 뭐가 달라져요? 전 '상담'이 아니라 '치료'를 받고 싶어요!

아이의 말에 나는 잠시 말을 멈추었다. 이 어린 아이가 혼자 얼마나 고민이 많았으면 이런 말을 할까? 이렇게 상담과 치료의 차이까지 인식하면서 자신이 달라지기를 갈망하고 있었다는 것이 마음 아프기도 하면서, 동시에 상담이 잘 진행될 것 같은 기대와 희망도 생겼다.

> 네가 얼마나 고민을 많이 했으면 상담이 아니라 치료를 받고 싶다고 말할까? 그런 정도의 생각은 정말 아주 많이 고민하고 생각하지 않으면 떠올리기 힘든 것 같아. 네 마음이 그렇다면 우리가 함께하는

치료 작업은 정말 잘 진행될 거야. 중요한 건 심리 치료는 선생님 혼자 하는 게 아니라는 거야. 우리가 서로를 믿고 진심으로 함께하겠다는 동맹을 맺어야 가능해. 네가 나와 그런 약속만 한다면 치료해 줄게.

선생님이 정말 저를 치료할 수 있어요?

그건 나의 치료 능력의 문제라기보다, 네가 어떤 마음으로 치료에 임하는가 하는 마음의 문제야. 난 네가 진심으로 원하는 것을 찾고, 네 속에 있는 힘을 찾아 잘 발휘할 수 있게 도와줄 거야. 시간 약속 잘 지키고 진실하고 솔직하게 느끼는 걸 말하기만 한다면 얼마든지 네가 원하는 걸 얻을 수 있게 될 거야.

약속할 수 있어요?

순간 멈칫했다. 상담자에게 자신을 치료해 줄 수 있느냐고 묻는 아이 앞에서 조금이라도 거짓이나 과장이 있어서는 안 될 것 같았다. 잠시 멈추고 생각해서 대답해 주었다.

네 눈빛을 보니 선생님도 정말 솔직하고 진정성 있게 말해야 할 것 같아 잠시 생각했어. 네가 백 퍼센트 치료가 된다고 약속하기는 어려울 것 같아. 모든 상담이 완벽히 잘 되었다고 말할 수는 없으니까. 다만, 이만하면 잘 지낸다고 만족감이 들 때까지, 네가 상담이나 치료의 도움 없이 스스로 잘해 나갈 수 있을 것 같은 느낌이 들 때까지, 절대 너를 포기하지 않을게. 혹시 너와 진행하는 상담이 막히는 느낌이

들거나, 어렵다고 생각될 땐 선생님도 공부하면서 진행할 거야.

좋아요. 그럼 해요.

그렇게 시작된 현아와의 상담은 약 1년 동안 진행되었다. 그리고 1년이 지난 어느 날 현아가 "이제 상담 안 와도 될 것 같아요."라고 말했다. 나 또한 현아의 밝고 당당해지는 모습을 보며 이제는 상담 없이도 홀로서기를 할 수 있겠다고 판단이 되었다. 현아는 예전과 많이 달라져 있었다. 상담 과정에서 현아는 중학교 졸업 검정고시를 통과했다. 물론 쉽지는 않았다. 공부를 할 때마다 시험에서 떨어질 것 같은 불안감에 다시 우울해지거나 공격적인 행동이 나타나기도 했고, 한 달씩 상담을 빠지기도 했다. 그럴 때마다 나는 부모님의 세심한 도움을 요청했고, 부모님은 잘 따라 주었다. 상담 종료 후 마지막으로 현아 부모님에게서 들은 소식은 이랬다. 현아는 영상 제작에 관심 있는 자신의 흥미를 살려 특성화 고등학교에 합격했다. 학교생활을 시작한 현아가 환하게 웃으며 이렇게 말했다고 한다. "내 인생 최고의 날들을 보내고 있어."

어둡고 무서운 긴 터널을 무사히 통과해 밝은 빛을 보는 느낌이다. 지금 현재 문제가 많고 심각한 아이도 자신이 달라지기를 진심으로 바란다. 이미 너무 멀리 와 버린 것 같아도, 바로 지금이 아이가 변화할 수 있는 시작점이라는 걸 부모도 아이도 믿고 시작해야 한다.

그런데 상담을 하다 보면, 아이는 조금씩 변화하려고 하는데 부모는 여전히 자신의 아이를 믿지 못하는 경우가 많다. 자기 아이를 다른 아이와 끊임없이 비교하며 우리 아이가 문제가 많고 심각하다는 사실을 확인하고 또 확인한다. 그만큼 아이가 달라지기를 간절히 바라는 마음에서 나오는 말이고, 달라지지 않을까 봐 불안해서 하는 말이라는 걸 너무 잘 안다. 하지만 계속 그렇게 자기 아이에게 문제가 많다는 걸 곱씹고 아이에게 그 불안을 표현해 봤자 아이는 더 좌절할 뿐이다. 청소년 부모들에게 긍정적으로 변화된 사례를 들려주고 아이가 달라질 수 있음을 이야기하면, 오히려 자신의 아이는 그보다 훨씬 더 심각하다고 강조하는 부모도 있다. 그런 경우를 대비해서 현아의 이야기를 좀 더 자세히 소개한다. 현아는 무척이나 힘겨워했고, 위험했다. 자해나 자살을 시도할 수도 있었고, 인생을 포기한 채 방탕한 생활로 접어들 수도 있었다. 남을 괴롭히며 자신의 고통을 잊어버리는 방법을 선택할 수도 있었다.

현아가 변화할 수 있었던 가장 큰 이유는 바로 부모의 달라진 모습이었다. 한동안 현아는 아빠와는 대화를 거의 하지 않았다. 어릴 때는 아빠와 놀거나 장난치기를 좋아했다고 한다. 그런데 6학년 때 현아의 행동에 화가 난 아빠가 현아에게 책을 집어 던진 사건 이후 현아는 아빠와 담을 쌓아 버렸다. 그 이후 아빠가 아무리 친절하게 다가가도 냉랭한 태도만 보였다고 했다. 그나마 엄마에게는 하소연도 하고 짜증도 부리는 관계라 엄마의 세심한 태도가 현아의 변화에 도움이 될 수 있을 거라 생각했다.

　우선 엄마에게 현실적 문제에 대한 이야기는 멈추도록 권했다. 부모는 입만 열면 아이의 생활 태도를 챙긴다. 하지만 그런 대화는 지금 현아에게는 무용지물이다. 문제를 지적하고 고치라는 말을 한다고 달라지지 않는다. 오히려 관계만 나빠지고 아이는 힘들기만 하다. 그러니 지금까지 하던 것을 멈추는 것이 우선이었다. 그것만으로도 아이의 마음은 진정되기 시작한다. 그다음에 하루 중 30분 정도는 현아와 웃을 수 있는 즐거운 시간을 만들도록 했다. 불안이나 우울, 분노를 보이는 청소년들에게 가장 필요한 것은 부모와 함께 웃는 편안한 시간이다. 이런 웃음을 통해 아이는 어린 시절 부모와 함께 보냈던 즐거운 추억을 떠올리며 마음이 편안해진다. 또한 뭔가 달라질 수 있을 것 같은, 작은 희망의 불씨를 찾은 듯한 느낌이 들기 시작한다. 어릴 적 사진을 꺼내 놓고 현아의 사랑스러운 모습을 보며 추억을 나누는 것도 좋고, 현아가 좋아하는 아이돌 스타 이야기를 하며 그저 아이 얼굴에 미소가 떠오르는 정도여도 괜찮다. 까르르 웃음소리가 날 정도면 더할 나위 없이 좋다. 그렇게 현아는 엄마와 웃는 시간이 늘기 시작했고, 웃는 시간이 늘어나면서 아빠와도 조금씩 소통하기 시작했다. 현아는 어느 날, "아빠도 힘들겠다."라는 말을 하기도 했다. 아빠에 대해 냉소적이기만 하던 태도에서 벗어나 조금 다른 느낌을 가지기 시작한 것이다.

　현아는 심리가 극히 불안정한 상태라 더욱더 섬세한 부모의 태도가 필요했지만 엄마도 아빠도 열심히 노력했다. 관계가 나아지자 어느 순간부터 현아는 부모의 조언에 귀를 기울이기 시작했다. 학교를 다니지 않고도 얼마든지 진학할 수 있으며, 현아는 좋아하는 것도 많고 잘할 수 있는 것도 많으니 천천히 시작하면 재미있게 지낼 수 있을 거라는 부모의 말을 경청하기도 했다. 그리고 실제로 어떤 것들을 준비해야 하는지 현아가 몰랐던 다양한 정보들을 제공해 주었다. 현아가 달라지기 시작하자 엄마 아빠는 이렇게 말했다.

이런 게 중요한 줄 몰랐어요. 아이가 웃는 모습이 이렇게 소중하다는 걸 잊고 살았어요. 제가 제 아이를 너무 몰랐네요.

현아 부모님은 열심히 노력했다. 지금까지 하던 걸 잠시 멈추고, 아이와 함께 웃고, 그리고 아이를 다른 관점으로 보고 필요한 정보를 제공해 주기도 했다. 아이를 믿어 주고, 작은 변화에도 감사하며 현아와의 소통을 발전시켰다. 부모의 이런 노력이 현아를 달라지게 한 것이다. 현아 부모님이 활용한 청소년과의 아주 특별한 대화법 5단계는 3부에서 좀 더 자세히 살펴보도록 하자.

엄마 아빠에게 상처받고 있는 아이들

시진이도 현아도 부모의 따뜻한 말 한마디, 엄마 아빠와의 편안한 웃음을 통해 변화를 위한 힘을 얻고 용기를 낼 수 있었다. 그만큼 아이들이 변화하기 위해서는 부모의 역할이 무척 중요하다는 의미이다. 그러나 역설적으로 아이들이 가장 상처받고 실망하는 대상또한 부모이다. 아이를 잘 키우기 위해 부모는 아이를 다그칠 수도있고 화를 낼 수도 있다. 하지만 아이를 위한 행동이 아이에게 상처가 되고, 그 상처가 덧나서 엉뚱한 결과를 가져오고 있다면 이젠 무엇이 아이에게 상처가 되는지 제대로 알아야 한다. 청소년들이 엄마 아빠에 대해 쏟아 놓은 이야기를 한번 들어 보자.

* 옛날에 초등학교 5학년 때 엄마랑 크게 싸운 적이 있었어요. 방과 후 수업에서 미니 케이크를 만들었는데, 엄마한테 칭찬받으려고 일부러 집에 가져갔어요. 진짜 열심히 했어요. 제가 칭찬받는 거 좋아하거든요. 근데 엄마가 절 무시한 거예요. 제 앞에서는 잘 만들었다고 해 놓고 그날 저녁에 케이크를 음식물 쓰레기통에 버린 거예요. 엄마가 유기농 아니면 안 먹는 거 알지만, 그래도 전 먹고 싶은 거 참고 엄마 주려고 가져왔는데, 제가 얼마나 충격을 받았는데요.

다음 날 엄마한테 케이크 먹었냐고 물으니까 엄마가 완전 차갑게 대했어요. 빨리 숙제 하라고. 그때 충격을 너무 많이 받아서 그래서 커터 칼로 날 찌르려다가 조금 그었는데 피가 나서 놀라서 울었어요. 자꾸 그런 일만 생각나요. 시간이 지나면 다 해결된다지만, 그 시간을 지나는 게 힘들잖아요. 그래서 사람이 열받는 거죠. **(중2 여학생)**

＊ 왜 그런 어른들 있잖아요. '난 애 잘 키우는 좋은 부모야.' 이렇게 생각하는 사람들요. 자기 혼자 그렇게 생각하고 그 애는 못 크고 있는 케이스요. 제가 딱 그래요. 우리 엄마 아빠는 너무 심해요. 무슨 얘기 할 때마다 자기들만 한 부모 어디 있냐고. 그럴 때마다 진짜 확 때려 주고 싶은데 부모 때리면 인간 말종이라 그러지도 못하고, 정말 지긋지긋해요. **(중3 남학생)**

＊ 딱 이번 방학만 학원을 안 다니고 싶어서 다 끊어 달라고 부탁했어요. 근데 집에 있으니까 좀 심심하기도 해서, 하루는 뭐라도 해야겠다 싶어서 청소를 했어요. 제 방도 청소하고 설거지도 다 하고. 청소 다 해 놓고 엄마가 오길래 "나 잘했지?" 그랬더니 웃지도 않고 "너 뭐 잘못한 거 있어?" 그러는 거예요. 이해가 안 돼요. 그냥 잘했다고 칭찬하면 안 돼요? **(고1 여학생)**

＊ 제가 가끔 마음이 정리가 되면 학교 안 가고 있는 거 진짜 안 되겠다 싶은 생각이 들기도 해요. 그래서 마음잡고 조금씩 공부라도 해야겠다 싶어서 엄마 아빠 있는 자리에서 "공부 해 보고 싶어요." 이랬

더니 "너 또 한다고 했다가 그만둘 거잖아. 전에도 학원 간다고 하다가 이틀 가고 안 갔잖아." 그러는 거예요. 이 말 듣고 내가 너무 화가 나서 "알았어. 그만두면 되잖아." 이랬더니 "이것 봐. 네가 그렇지." 이래요. 미친 거 아니에요, 진짜? **(18세 학교 밖 청소년)**

마음이 아픈 아이들이 기억하는 엄마 아빠와의 관계는 모두 아이의 상처로 끝이 난다. 이런 이야기를 들으면 정말 부모들은 아이를 이해하지도 못하고 위로나 공감도 해 줄 줄 모르고, 모처럼 잘해 보려는 아이의 신호를 알아차리지도 못하는 것 같다. 부모가 무심코 내뱉은 한마디가 그때마다 아이의 가슴에 박혀 마음이 곪고 있었다. 한번 곪기 시작한 상처는 별거 아닌 말에도 심하게 덧났고, 그런 상처들이 모이고 모여 아이들을 꼼짝 못하게 옭아매고 있었던 것이다.

또 어떤 중학교 3학년 아이는 부모님이 자신에게 준 편지를 들고 와서 보여 주며 화를 낸다.

사랑하는 ○○아. 너는 어려서부터 엄마 아빠를 무척 기쁘게 하던 아이였어. 잘 놀고 잘 웃고. 그런데 어쩌면 엄마가 너에게 세상에 힘든 일이 많다는 걸 그때 가르쳐 주어야 했던 건 아닌지 후회가 된다. 네가 조금만 마음에 들지 않으면 쉽게 포기하고 친구 관계도 포기해 버리는 걸 보면서, 엄마 아빠가 너를 잘못 가르친 건 아닌가 후회했어. 세상에 편하고 재미있는 건 어디에도 없어. 열심히 스스로 노력해야 하고, 힘든 일을 극복할 수 있는 용기가 필요해. 지금 네게 필요한 건 바로 그거야. 상담받으면서도 네가 원하는 대로 진행되지 않을 수도 있어. 그땐 지금까지처럼 포기하지 않기 바라. 더 이상 네가 갈 데가 없어. 제발 이번이 마지막이라는 마음으로 열심히 상담받기 바란다.

별 생각 없이 보면 아이에게 용기를 가지라고, 포기하지 말고 열심히 상담받고 힘을 내라는 격려의 편지인 것 같았다. 하지만 아이는 이 편지로 인해 한 번 더 폭발했다.

이런 편지를 쓴다는 게 제정신이에요? 이렇게 저를 힘들게 만들어 놓고 세상에는 재미있는 게 없다는 걸 가르쳤어야 했다는 소리가 말이 돼요? 애가 어리면 재미있다고 가르쳐야죠. 되는 게 하나도 없어도 잘하고 있다고 말해 주고, 잘하는 거 많다고 칭찬해 줬어야죠. 그런 건 하나도 안 하고 혼만 냈으면서 지금 이런 걸 쓰는 게 말이 되냐고요.

아이가 화를 낸 건 당연하다. 엄마의 편지는 아이가 용기와 자신감을 갖게 하고 싶은 부모의 간절한 의도와는 달리 전혀 다른 의미를 전달하고 있었던 것이다. 엄마는 사는 게 너무 힘든 아이에게 '세상에 재미있고 편안한 건 없다'고 쐐기를 박고 있다. 세상에 대해 비관적이고 무기력한 아이에게 희망마저 빼앗아 버리는 건 몹시 잔인한 일이다. 사는 건 힘들지만 때론 재미있고 즐겁고 행복한 순간들도 있다고 말해 주어야 한다. 그런 추억들을 가슴에 간직하고 힘들 때마다 꺼내 보며 이 험한 세상을 살아내는 것이다. 사람들은 고된 하루를 마치고 집에 돌아와 편안한 저녁 시간을 보내며 하루의 피로를 풀고 에너지를 회복한다. 지금 아이는 그런 재미와 편안함을 느낄 시간이 없어 회복하지 못하고 지쳐 있는데, 그런 아이에게 부모는 인생은 살벌하니 정신 차리라고 다그치고 있었던 것이다.

부모의 생각과 태도의 변화가 더 중요하다. 날마다 저렇게 부정적인 인식을 아이에게 심어 주고, 이대로는 희망이 없다고 말하면 변화의 의지를 키워 보려던 아이들은 견딜 수가 없다. 아픈 아이를 치유하고 힘을 주어야 하는 게 부모 역할이다. 이제 힘겨워하던 아이들이 어떻게 변화할 수 있었는지 방법을 알아보자. 부모가 가진 고정관념을 조금만 바꿔도 의외로 쉽게 변화의 실마리를 찾을 수 있다.

우리 아이,
달라질 수 있을까요?

사춘기 아이는 무엇으로 달라지는가?

사춘기의 터널을 통과하면서 힘들고 지치고 막막한 아이들이 어떻게 하면 달라지는지, 어떤 요소가 아이 변화의 핵심인지 모두들 궁금해한다. 대부분의 상담가와 정신과 의사도 같은 심정일 것이다. 감기에 걸리면 어떤 약을 먹으면 된다는 공식처럼 아이에게 어떤 문제가 생기면 이렇게 하면 된다는 명확한 공식이 있었으면 좋겠다. 그런데 그렇게 딱 떨어지는 공식은 없지만, 그래도 효과가 꽤 좋은 대처 방식들은 많이 밝혀져 있다. 문제는 그걸 실행하기가 어렵다는 점이다. 화내는 아이에게 더 큰 소리로 혼내지 않아야 하는데 그걸 참고 아이의 마음을 받아 주기가 쉽지 않다. 그런데 또 어떤 부모는 이런 걸 참 잘하기도 한다. 타고난 성격과 품성이 여유 있고 넉넉해서 그런 것도 있겠지만, 그보다는 윽박지르고 혼내 봤자 소용이 없다는 사실을 이미 깨달았기 때문이다. 아이를 붙들고 화를 내거나 하소연하는 건 문제를 더 어렵게 만들 뿐 정말 부모가 원하는 문제 해결에서는 멀어진다는 걸 알게 되면 부모의 마음과 태도도 달라질 수 있다.

이제 청소년 아이의 변화를 이끌어 내기 위해 어떤 방법이 효과가 있는지 알아보자. 제대로 알면 아이를 잘 이해하게 되고, 좋지 않은 방식은 사용하지 않게 되며, 바람직한 양육 방식을 더 많이 활용할 수 있게 될 것이다.

나를 꽉 잡아 준 사람

중학교 3학년 찬영이는 부모의 이혼이라는, 감당하기 힘든 변화를 겪으면서 폭력적인 행동이 심해진 아이였다. 학교에서 소란을 피우면 선생님도 말리기 힘들었고, 아이가 학교를 뛰쳐나가면 엄마에게 연락하는 것밖에 할 수 있는 일이 없었다. 찬영이는 담임선생님이나 학교 내 상담실인 위클래스에서의 상담도 거부했다. 물론 나와의 상담 시간에도 오지 않았다. 엄마를 대상으로 하는 양육 상담을 진행하면서 찬영이 엄마가 아이를 대하는 방식을 코칭했다.

그러다가 찬영이의 엄마가 재혼을 하게 되었다. 찬영이는 엄마와 함께 새아빠의 집으로 들어가는 상황을 쉽게 받아들이지 못했다. 찬영이 엄마는 이사 후 아이가 난폭한 행동을 할 것 같아 겁이 나서 나에게 도움을 요청했다.

상담실까지 찾아와 아이를 도와주고 싶다고 하는 새아빠에게 구체적인 방법을 알려 주었다. 이미 덩치가 커 버린 아이지만, 아이가 공격적인 행동을 할 때 강한 힘으로 뒤에서 안으라고 했다. 아이가 진정할 때까지 풀지 말고, 아이 이름을 따뜻하게 불러 주며 "네 마음 알 것 같아. 네가 이럴 수밖에 없는 거 이해해. 나도 최선을 다할게." 이런 말을 해 주는 게 도움이 될 거라 알려 주었다. 과연 이 방법이 효과가 있었을까?

 * 엄마가 재혼했다. 그래서 새아빠네 집으로 이사했다. 친아빠도 아니면서 괜히 좋은 아빠인 척하는 게 역겨워 식탁을 엎었다. 그랬는데 새아빠가 나를 뒤에서 꽉 안았다. "찬영아, 찬영아, 찬영아." 아무리 내가 발버둥을 쳐도 나를 세게 안고 놓지 않았다. 누가 내 이름을 그렇게 애타게 불러 준 건 처음이었다. 어느 순간 나도 모르게 제발 놓지 말기를 바라는 마음이 생겼다. 왠지 모르게 눈물이 막 났다. 새아빠 앞에서 울었다는 사실이 자존심 상했지만, '이제 그만하자'는 생각이 들었다. 내가 발버둥을 멈추니 새아빠도 팔을 풀었다. 나는 조용히 새로 생긴 내 방으로 들어왔다.

내가 찬영이의 새아빠에게 알려 준 방법은 던지거나 때리는 등 난폭한 행동을 하는 아이를 뒤에서 붙잡고 진정될 때까지 따뜻하게 안아주며 단단하게 아이를 지키는 방식이다. 이렇게 아이를 붙잡는 것이 중요한 이유가 있다. 화를 폭발하는 아이는 그 순간 자신에게 무슨 일이 생겨도 상관없다는 자포자기의 심정이다. 하면 안 되는 줄 알면서 스스로 분노를 통제하지 못해 터뜨리게 되는 것이다. 하지만 시간이 지나면 자신이 그런 행동을 했다는 사실에 더 괴로워한다. 행동의 옳고 그름을 판단할 줄 알기 때문이다. 자신이 벌인 행동이 또 다시 스스로를 괴롭힌다. 그러니 화를 폭발하는 그 순간, 아이는 자기 스스로 감정을 조절하지 못해 누군가의 도움을 간절히 바라게 되는 역설적인 상황에 처하는 것이다. 찬영이는 성장 과정에서 그렇게 누군가가 자신을 단단하게 애정을 가지고 붙잡아 준 경험이 없었다.

억지로 새아빠의 집으로 들어온 날 찬영이가 폭발하자, 새아빠와 엄마는 상담자에게 배운 대로 아이를 잘 붙잡고 마음을 진정시켜 주었다. 찬영이는 자신에게 진정한 애정을 가진 사람이 누구인지 찾고 싶었던 것 같다. 자꾸 경계를 넘어서는 불안한 자신을 잡아 줄 사람이 필요했던 것이다. 공격적인 행동을 하는 아이라고 속마음까지 그런 것은 아니다. 마음속으로는 누군가 나를 꼭 잡아 주기를 간절하게 바란다. 찬영이의 이야기를 통해 행동이 거친 청소년 아이의 여린 마음을 이해해 보면 좋겠다.

나에게 혼란을 준 사람

청소년 아이들의 마음과 행동, 말과 행동이 서로 다른 이유와 대응 방법을 앞에서 이야기한 현아의 사례에서 조금 더 자세히 살펴보자. 현아는 불안의 정도가 매우 심했던 아이라 좀 더 섬세한 상담 기법들도 필요했다. 그중 가장 심각한 것은 현아가 가진 뿌리 깊은 부정적인 생각이었다. 자신은 하고 싶은 것도 없고 의욕도 없고 잘할 수 있는 것도 없다고 여겼다. 그런 생각들이 현아를 더 힘들게 했다. 만약 부모가 아무리 애쓰고 노력해도 아이가 잘 변하지 않는 경우라면 현아의 이야기가 도움이 될 것 같다.

현아는 자신의 변화 요인이 무엇이었는지 상담 종료 후 시간이 한참 흐른 뒤에 직접 나에게 말해 주었다. 상담이 끝난 후 1년 반쯤 지난 어느 날, 현아에게서 만나고 싶다는 연락이 왔다. 상담을 종료한 내담자가 다시 만나고 싶다는 연락이 올 때면 혹시 무슨 일이 생긴 건 아닌지, 처음 상담을 시작할 때보다 더 심각한 문제가 발생한 건 아닌지 걱정스러운 마음이 스친다. 현아는 그런 나의 마음을 알아챘는지 이렇게 덧붙였다. "상담받고 싶은 게 아니고요. 그냥 선생님 만나서 같이 밥 먹고 싶어요. 밥은 제가 살게요."

밥을 산다는 말에 웃음이 나왔다. 대인 기피 증상이 있던 현아가 이제는 먼저 식당에서 만나자고 하니 기특하기도 하고, 또 상담을 받고 싶은 게 아니라는 말에 약간 안심이 되기도 했다.

그날 현아가 한 말 중 가장 마음에 와닿는 건 이 말이었다.

제게 혼란을 준 건 선생님밖에 없었어요.

그게 무슨 뜻이야?

자꾸 뭔가 생각하게 하고, 기분이 나쁘지는 않은데 괜히 찜찜하기도 하고, 하여튼 상담을 받으면서 종종 한 방 맞은 듯한 기분이 들 때가 많았어요.

헉, 내가 그런 느낌을 줬어? 좀 싫었겠다.

아니에요. 그게 기분 나쁜 그런 건 아니었어요. 아마 제가 지금 잘 지내는 건 그런 것 때문인 거 같아요. 좀 더 솔직히 말하면 감사하고 싶어요. 그래서 제가 밥 사는 거예요.

어떤 점이?

억지로 강요하지 않아서요. 제가 힘들다고 하면 선생님은 늘, 다른 걸 생각하게 해 주셨어요.

현아가 말하는, 다른 걸 생각하게 해 주었다는 게 어떤 의미인지 살펴보자. 현아는 입만 열면 부모와 친구들에 대한 원망과 험담을 늘어놓았다. 그리고 자신에 대해서는 아무것도 하기 싫고, 할 줄 아는 것도 없고, 앞으로 뭘 하더라도 제대로 할 수 있는 게 하나도 없을 거라 말하며 무력감을 표현했다. 에너지가 많은 아이라 이 모든 말들을 굉장히 '센 언니' 느낌으로 내뱉었다.

한번은 정육면체를 만드는 큐브를 꺼내 맞춰 보라고 했다. 현아는 큐브를 보자마자 "이딴 건 누가 만들어서 사람 고생시켜요. 그런 거 안 해요. 왜 나한테 하라고 해요? 이런 거 해 봤자 무슨 소용이에요?"라고 거칠게 말했다. 싫다는 아이에게 억지로 시킬 수 없어서 내가 먼저 큐브를 맞추기 시작했다. 그랬더니 아이도 슬그머니 한 조각씩 맞춰 보기 시작한다. 큐브를 맞추면서 나는 오늘은 무슨 이유로 이렇게 까칠하게 말하는지 물었다. 집에서 분명 엄마 아빠 혹은 오빠 때문에 화나는 일이 있는 것 같다고 했더니, 엄마에 대한 험담을 늘어놓는다. 그런데 중요한 건 그런 이야기를 하면서도 계속 큐브를 맞추고 있다는 점이었다. 말로는 싫다고 거부했지만, 아이는 큐브를 잘 맞추고 싶었고, 큐브를 못 맞출까 봐 짜증이 났던 것이다. 큐브를 주물럭거린 지 10분이 지나도록 현아는 큐브를 맞추지 못했다. 생전 처음 맞춰 보는 것이니 그럴 만하다. 거의 맞출 뻔하다가도 조각의 방향을 잘못 돌려 또 허물어 버린다. 그 모습이 안타까워 내가 조각을 집어서 "이것만 이렇게 돌리면."이라고 말하는 순간 현아는 내 손을 탁 내리쳤다. "아, 제가 한다고요!"

아이의 반응이 반가웠다. 중요한 사실을 드러냈기 때문이다. 이 지점에서 무엇을 이야기해야 할지를 잘 포착해야 한다. 혹시 손을 내리친 태도가 마음에 들지 않았다면 그건 나중에 다시 다룰 문제이다. 지금 가장 중요하게 아이가 보여 주고 있는 건 아이의 말과 행동이 서로 다르다는 점이다. 의식적으로는 큐브 맞추기 싫다고 거부하고 짜증냈지만, 무의식적으로 현아가 바라는 것은 자기 앞에 주어진 과제를 혼자 힘으로 멋지게 성공하고 싶은 것이었다. 방해해서 미안하다고 사과하고 아무 말 없이 현아를 지켜보았다. 현아는 맞추는 내내 이런 말을 한다.

하기 싫어요. 왜 이걸 하라고 해서 고생시켜요. 이거 맞춰지는 거 맞아요? 몇 학년이 하는 거예요? 다시는 안 할 거예요. 아, 짜증 나. 집어던지고 싶다. 내가 이걸 왜 하고 있는 거야!

그렇게 투덜거리면서 10분이 더 지나고 나서야 드디어 성공했다. "이딴 게 사람 고생시키네!" 말은 이렇게 하지만 현아의 얼굴을 발갛게 상기되었고 입가엔 미소가 떠올랐다. 상담 시간도 거의 끝나간다. 현아에게 한 가지만 질문했다.

현아야, 큐브를 맞추는 너를 보며 신기한 점을 발견했어. 너의 의식과 무의식이 전혀 다른 신호를 보내고 있어. 말로는 싫다 싫다 하지만, 너의 무의식은 혼자 힘으로 멋지게 성공하고 싶다고 온몸으로 말하고 있었어. 그런데 넌 너의 무의식이 주는 이 강한 신호를 외면하고 불평불만만 늘어놓고 있는 것 같아. 게다가 힌트를 주려는 선생님 손도 탁 치면서 못하게 했잖아. 그게 어떤 의미일까?

현아는 아무 말 없이 뭔가 생각하는 표정이었다. 상담 중에 비슷한 일이 여러 번 있었고, 그때마다 현아는 뭔가 생각하는 표정으로 상담을 마무리했다. 나중에 현아가 '혼란'이라고 표현한 것이 바로 그런 의미였다는 걸 알 수 있었다. 기분 나쁘다고 말은 하지만 기분 나쁜 게 아니었고, 찜찜하다고 표현했지만 찜찜한 게 아니라 자신도 모르게 자꾸 뭔가를 생각하게 되었다. 그런 생각의 과정들이 현아로 하여금 자신에 대해 더 많이 이해하게 하고, 자기 속마음을 찬찬히 들여다보게 했다. 그리고 현아는 이 깨달음을 변화의 계기로 삼았던 것이다.

마음속 진심 들여다보기

이렇게 청소년들은 자신의 불안하고 여린 속마음을 제대로 표현하지 못하고 거친 말과 행동으로 왜곡해서 표현하고는 한다. 그러나 부모는 아이들의 겉으로 드러나는 문제점만 보고 지적하는 경향이 있다. 아이의 까칠한 말투와 불손한 태도를 지적하고 그 이면의 진심을 보기 어려운 경우가 더 많다. 어쩌면 부모가 아이를 믿지 못해서 그런 것은 아닐까? 아이가 아무리 짜증이 많거나 문제가 있는 상황이라도 아이 마음속 진심을 믿는다면 이런 대화가 충분히 가능하다. 이런 대화가 가능해지기 시작하면 아이는 또 한 번의 중요한 전환점을 지나게 된다. 그리고 아이들은 상담자가 아닌 엄마 아빠가 자신을 그렇게 봐 주고 말 걸어 주길 간절히 기다린다.

아이들은 무엇으로 달라질까? 시진이가 다시 차분하게 자신의 일상으로 돌아갈 수 있었던 것은 엄마가 화내지 않고 위로해 주고 개선 방향을 이야기해 주었기 때문이다. 시진이가 화가 났던 상황 자체는 전혀 달라지지 않았음에도, 엄마가 아이를 대하는 태도가 바뀌자 그 문제에 대한 스트레스도 견딜 수 있게 된 것이었다. 찬영이는 폭발하는 자신을 단단하게 붙들고 절대 놓치지 않겠다는 새아빠의 단단한 진심과 따뜻함으로 인해 마음을 열기 시작했다. 상처와 고민이 좀 더 깊었던 현아는 부모가 예전 방식을 버리고 아이와 함께 웃는 따뜻한 시간을 만들자 마음이 서서히 열리기 시작했다. 그리고 상담자의 도움으로 자신이 진정으로 바라고 원하는 것이 무엇인지 깨달으면서 변화의 길을 가기 시작했다.

정리해 보자. 청소년들은 어른이 화를 내거나 윽박지른다고, 혹은 어설프게 칭찬을 한다고 변하지 않는다. 부모나 교사가 진심으로 자신을 인정하고 수용해 주는 동시에 자신이 몰랐던 뭔가를 깨닫도록 도와주어야 변화가 시작된다. 좋은 관계를 회복하기 위해 함께 통하는 느낌으로 웃을 수 있어야 하고, 지금까지 해 왔던 잘못된 방식들은 멈추어야 한다. 어떻게 보면 참 할 일이 많은 듯하지만 하나씩 천천히 해 나가다 보면 조금씩 달라지는 아이와 만날 수 있다.

우리 아이들은 하루하루 더 멋진 모습으로 변화하고 성장하는 존재이다. 부모와 교사가 할 일은 그 방향이 올바른 쪽으로 향하도록 도와주는 일이다. 그러기 위해서는 먼저 아이를 이해해야 한다. 부모가 사춘기 시기의 특성과 심리를 알고 있으면 아이를 바라보는 눈길이 부드러워지고 마음에 여유가 생긴다. 그럴 때 아이는 부모의 지지와 지원 속에서 조금 느리면 느린 대로, 빠르면 빠른 대로 자신의 삶을 걸어갈 수 있게 된다. 이제 청소년 아이의 성숙, 성장, 성공을 위해 부모가 꼭 알아야 할 청소년 심리에 대해 살펴보자.

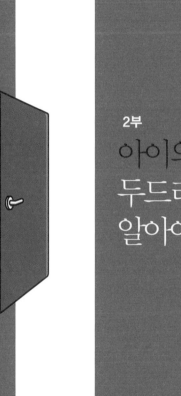

2부

아이의 방문을
두드리기 전에
알아야 할 것

부모가 꼭 알아야 할 청소년 심리 1

부모의 피드백이
마음의 방향을 결정한다

아이에게 어떤 피드백을 주고 있는가?

경쟁에서 이겨야만 우리 아이가 살아남을 것 같다. 그래서 부모는 오늘도 문제 1개, 점수 1점에 집착하며 아이에게 공부에 집중하기를 강조한다. 그렇다면 내가 우리 아이에게 하는 말은 약이 될까, 독이 될까? 다 잘되라고 하는 말이지만 혹시 아이의 마음과 정신에 나쁜 영향을 주고 있는 것은 아닐까?

> 열심히 안 했으니 결과가 그 모양이지.
> 성적 떨어졌으니까 게임은 생각도 하지 마!
> 넌 도대체, 어휴!

이런 말들이 아이의 마음에 어떤 영향을 주는지 이미 우리는 잘 알고 있다. 잔소리 같은 말이 아이에게 안 좋을까 봐 한숨 쉬며 애써 말을 참아 보기도 하지만, 아이는 부모의 한숨 소리에서 부모가 이전에 했던 가슴 찌르는 말들이 다 들리는 듯해 오히려 문을 쾅 닫고 들어가 버린다. 직성이 풀릴 때까지 내뱉는 폭풍 같은 잔소리도, 억지로 참고 한숨만 쉬는 것도 상황을 나쁘게 만든다. 진정 아이에게 도움이 되고 긍정적인 변화를 가져오고 싶다면 제대로 된 피드백이 무엇인지 알아야 한다.

피드백이란 행동이나 반응의 결과를 본인에게 알려 주는 일을 말한다. 아주 단순하게 정리해서 '맞다' '틀리다' '잘했다' '못했다'라는 평가의 말과 잔소리, 충고, 설득 등 어른들이 아이에게 하는 대부분의 말을 피드백이라 할 수 있다. 지금까지 내가 아이에게 준 피드백이 효과적이었는가? 만약 그렇지 못했다면 피드백의 목적이 무엇인지 명확히 정리하고, 그 목적에 맞는 피드백 방법을 제대로 알 필요가 있다. 화가 나서 아이를 다그치는 말은 피드백이 아니라 화풀이일 뿐이다. 혹시 부모의 심리 상황이 아이에게 화풀이밖에 못하는 정도라면 잠시 아이와 떨어져 마음을 진정시켜야 한다. 심호흡을 하고 평정심을 되찾은 후 어떤 표정, 어떤 말투로 아이와 대화할지 생각해야 한다.

피드백은 우리 아이의 뇌와 마음에 영향을 미친다. 피드백이 아이의 뇌와 마음에 어떤 영향을 미치는지 제대로 알면, 그동안 잘 이해되지 않았던 아이의 말과 행동, 그 뒤에 숨겨진 아이의 진심과 참모습을 알게 된다. 아이를 바라보는 부모의 시각이 달라지고, 아이에 대한 사랑이 샘솟는다. 화를 조절하려 애쓰지 않아도 화가 덜 나고, 좀 더 바람직한 피드백이 훨씬 쉽게 나올 수 있다. 아이와 부모 사이가 더 가까워지고, 아이는 긍정적인 방향으로 조금씩 변화한다. 사춘기 청소년의 뇌가 어떻게 발달하고 있는지, 부모의 말과 행동을 비롯한 모든 피드백이 우리 아이의 뇌에 어떤 영향을 미치는지 알아보자.

청소년의 뇌는 잘 발달하고 있을까?

사람의 뇌는 태어날 때 약 400그램 전후였다가 엄청난 속도로 발달해 첫돌쯤에는 약 1000그램 정도가 된다. 그 과정에서 한 개의 뇌세포는 외부 자극에 의해 약 1000개의 다른 뇌세포와 연결된다. 만 1세 이후에는 그 속도가 현저히 떨어지지만, 전두엽을 포함한 대뇌 피질은 12~16세까지 꾸준히 부피가 늘어나 20대 중반까지 서서히 발달하는 것으로 알려져 있다. 전두엽은 각종 정보를 통합하고 감정, 욕구, 충동을 조절하며 자기를 인식하는 기관이다. 의사 결정, 문제 해결, 언어 구사 능력을 비롯해 기억력, 사고력 등을 주관하며 행동을 조절한다. 그러니 전두엽이 제대로 작동하지 못하면 감정이 폭발하거나 문제 행동을 할 위험이 높아진다는 의미가 된다.

뇌에서 가장 중요한 전두엽이 발달 중이라는 것은 아직 덜 자랐다는 의미이며, 덜 자랐으니 성숙하게 기능하지 못하는 게 정상이라는 뜻이다. 청소년이 그렇게 충동적이고 감정에 따라 움직이는 이유는 단순히 아이의 마음과 의지만의 문제가 아니라 바로 전두엽 기능이 아직 미숙해서 그런 것이다. 부모는 아이가 감정을 조절하지 못한다고 혼낼 것이 아니라 어떻게 하면 잘 성장할 수 있을지 고민하는 일이 먼저여야 한다는 의미가 된다. 청소년기 아이가 충동적인 감정을 조절하기 어려운 이유를 좀 더 살펴보자.

호주 멜버른대학의 알렌 교수팀이 2008년 만 11~14세 남학생 137명을 대상으로 연구한 결과에 따르면, 공격성이 강한 10대는 뇌의 변연계의 한 부분인 편도체가 커서 강한 감정을 조절하지 못하는 것으로 나타났다. 편도체는 감각 기관이 받아들인 정보에 대해 감정적 반응을 일으키는 기관이다. 특히, 분노와 같은 강한 감정을 느끼게 하는 신경 시스템 중의 하나이다. 연구팀은 청소년 자녀들이 부모와 종종 논쟁을 벌이는 주제인 잠자는 시간, 숙제, 스마트폰 사용 등의 문제가 발생했을 때의 표정과 목소리 톤을 분석하고 이것들을 이때의 뇌 영상 이미지와 비교해 보았다. 그 결과, 부모에게 반항적이고 화를 잘 내고 공격성이 큰 청소년의 편도체가 공격적이지 않은 청소년에 비해 더 크다는 사실을 발견했다. 청소년의 뇌에서 전두엽은 아직 미성숙한데 반해 편도체의 발달은 더 빠르다. 이렇게 전두엽과 편도체의 불균형한 발달 속도로 인해 충동적이고 공격적인 성향을 보인다고 할 수 있다. 알렌 교수는 "10대들이 외관상으로는 성인과 같아 보이지만 실제로는 20대 초반이 될 때까지 뇌의 감정과 행동을 조절하는 영역이 미성숙해 감정 조절이 잘 안 된다는 사실을 부모들은 명심해야 한다."라고 강조했다.

게다가 청소년기는 뇌 신경 세포의 흥분을 전달하는 신경 전달 물질인 도파민의 분비와 기능이 최고조에 달하는 시기이다. 도파민은 쾌락 중추라 불리는 변연계의 측좌핵에서 분비되는데, 측좌핵은 편도체보다 더 급속도로 발달한다. 변연계의 측좌핵은 보상, 기쁨, 중독과 관련된 기관이다. 성인이 되면 변연계가 전두엽의 통제를 받지만, 아직 전두엽이 미성숙한 청소년은 의사 결정과 행동이 변연계의 지배를 더 많이 받게 되는 것이다. 청소년의 뇌가 흥분과 쾌락을 추구하고 마음과 행동을 조절하기 어려운 이유가 여기에 있다.

그렇다면 어떤 방법으로 이런 현상을 조절할 수 있을까? 학자들은 측좌핵이 보상에 대해 민감하다는 사실을 밝혀내며 부모가 자녀에게 주는 보상에 따라 감정과 동기가 달라질 수 있다는 중요한 정보를 알려 주고 있다. 한마디로 청소년은 보상받고 싶다.

부모가 주는 피드백은 곧바로 심리적 보상의 역할을 하게 되며, 효과적인 피드백은 청소년이 성숙한 태도로 자기의 일에 열정을 쏟아부을 수 있게 만들기도 한다. 이제 청소년에게 어떤 피드백이 필요한지 자세히 알아보자.

어떤 피드백이 효과적인가?

　학자들은 피드백을 여러 가지로 구분한다. 크게 긍정적 피드백과 부정적 피드백으로 나눌 수 있고, 좀 더 세분화해 본다면 동기 강화를 위한 피드백, 인지적 측면과 관련된 정보적 피드백, 맞고 틀림을 알려 주는 정오 판정 피드백, 정확한 답을 알려 주는 정답 제시 피드백, 명시적 또는 암시적으로 전혀 정보 제공을 하지 않는 무피드백도 피드백에 속한다.

　고려대학교 교육학과 김성일 교수는 『뇌로 통하다』에서 청소년들에게 피드백이 미치는 영향에 대해 다음과 같이 설명한다.

　　부정적 피드백을 받았을 때 아동이나 초기 청소년들의 전전두엽이 활성화되지 않았다는 사실은 시사하는 바가 크다. 이는 처벌을 받은 후 잘못된 행동을 반성하고 대안적 전략을 탐색하는 데 어려움이 있다는 것을 의미한다. 따라서 처벌이나 부정적 피드백을 통해서 아동이나 청소년의 행동을 변화시키려는 노력은 그다지 효과가 없다. 효과적인 피드백은 처벌보다는 칭찬에 있다. 청소년의 바람직하지 않은 행동을 처벌로써 수정하기보다는 바람직한 행동을 보상으로써 강화시켜주는 방법이 더 효과적이다.

　피드백에 대한 다양한 연구들은 긍정적 피드백이 부정적 피드백보다 내재적 동기 발달에 도움이 된다고 말한다. 인정하고 격려해 주는 긍정적 피드백이 아동과 청소년 모두에게 자기효능감과 통제력에 긍정적 영향을 미친다는 연구 결과는 매우 많다. 수행 결과가 좋아 능력을 인정받고, 수행 결과가 나빴을 때도 아이가 노력한 점과 개선되고 있는 점에 대해 격려를 받으면 긍정적인 자기 인식을 발달시킬 수 있다. 하지만 자신감을 주려고 자신의 능력보다 쉬운 과제를 주면 오히려 자기 능력을 스스로 낮게 평가할 수 있어 지속적인 동기 부여에 부정적인 영향을 주기도 한다. 또한 긍정적 피드백이라도 잘해야 한다는 '과도한 부담'을 주면 자율성이 오히려 감소하여 도전 의지가 줄어든다는 것도 알고 적용해야 한다. "역시 잘할 줄 알았어." "다음엔 성적이 더 올라갈 수 있겠다. 계속 이렇게 노력하자!"와 같은 피드백이 그런 예이다.

그런데 긍정적 피드백은 물론 부정적 피드백에 별로 영향을 받지 않는 청소년들도 있다. 바로 자기효능감이 높은 청소년이다. 자기효능감이란 자신이 어떤 일을 성공적으로 수행할 수 있다고 믿는 기대와 신념을 말하며, 과정에서 발생하는 문제들을 극복할 수 있는 원동력이다. 이런 자기효능감이 높으면 그 어떤 외부의 피드백에도 크게 영향을 받지 않는다. 물론 긍정적인 피드백은 기분이 좋고 부정적인 피드백은 기분이 나쁘겠지만, 그로 인해 자기효능감과 통제력에는 크게 영향을 받지 않는다는 의미이다. 반면, 자기효능감이 낮은 청소년은 부정적인 피드백을 받으면 학습에 대한 내재

동기와 흥미가 낮아진다. 잘못을 했을 때 벌을 주는 방식은 더더욱 바람직하지 않다. 오히려 청소년의 불안을 증가시키고 유능감을 낮추어 과제에 대한 흥미를 크게 떨어뜨린다.

김성일 교수는 중학생들을 대상으로 피드백 유형에 따른 뇌 활성화 패턴을 비교하는 실험을 하였다. 과제 수행 후 그 결과에 대해 부정적 피드백을 제공하되 정보적 피드백과 정오답 피드백 방식으로 구분하여 제시하였다. 정보적 피드백에는 수행이 왜 틀렸는지에 대한 간단한 내용이 포함되어 있지만, 정오답 피드백에는 그런 내용 없이 수행의 성공 또는 실패 여부만을 알려 주었다.

실험 결과가 흥미롭다. 청소년들은 부정적인 피드백을 받았음에도 정보적 피드백을 받을 때에는 보상 영역인 측좌핵이 활성화되었다. 그뿐 아니라 부정적인 내용 때문에 나빠진 기분을 조절하기 위해 전두엽 중에서도 배외측 전전두피질을 활성화하는 것으로 나타났다. 전전두피질은 정보를 분석해 논리적으로 판단하는 기능을 한다. 김성일 교수는 정보를 알려 주는 피드백은 청소년 자녀가 남과 비교하지 않고 자신의 실력을 향상시키는 것에 중점을 둔 학습 목표를 추구하도록 한다고 말한다. 또한 수행의 성공과 실패 여부에 크게 좌우되지 않도록 하여 자기효능감과 학업 흥미를 최대한 높일 수 있게 한다고 설명한다.

청소년기를 힘겹게 보내는 아이들은 부모의 목소리조차 듣고 싶지 않다는 말을 종종 한다. 아마 부정적인 피드백을 듣고 싶지 않다는 우회적인 표현일 것이다. 부모의 감정적이고 부정적인 피드백에 지친 아이들이 너무 안쓰럽다. 이제 좀 더 성숙한 부모 역할로 나아가 보자. 청소년들은 자신의 과제 수행에 관한 중요한 정보가 담겨 있다면 부정적인 피드백을 얼마든지 보상과 정서 조절을 도와주는 역할로 받아들인다. 이러한 결과는 청소년에게 제대로 된 정보적 피드백이 얼마나 유용하고 바람직한지를 말해 준다.

정리해 보자. 청소년 자녀의 자기효능감을 높이고 싶다면 남들과 비교하는 피드백이 아니라 좀 더 발전시킬 수 있는 정보를 제공하는 것이 중요하다. '맞다' '틀리다' '잘했다' '못했다'라며 평가하는 피드백은 오히려 아이를 좌절하게 한다. 자신이 얼마나 나아지고 있는지, 좀 더 잘하려면 어떤 것이 중요한지에 대한 구체적인 정보가 없으면 자기효능감이나 학습 흥미를 높일 수 없다는 말이다. 타인과의 비교보다는 청소년 자신의 점진적인 변화, 혹은 과제에 관한 효과적인 정보를 제공하는 정보적 피드백을 제공하는 것이 중요하다. 예를 들어 "이번 과제의 주제는 ○○에서 찾아보면 꽤 재미있는 내용이 있을 것 같아." "지난번보다 듣기 집중력이 좋아진 것 같네." "이런 방법으로 해 보면 더 효과적일 거야."와 같은 말은 아이 스스로 자신의 목표를 세우고 그에 집중하도록 하는 피드백이다.

좀 더 성숙한 자기 내적 피드백을 위하여

피드백의 구분 중 의미 있는 분류는 내적 피드백과 외적 피드백이다. 지금까지 말한 피드백은 모두 다른 사람에 의해 제공되는 외적 피드백이었다. 이제 자기 스스로를 평가하는 내적 피드백을 주목해 보자. 내적 피드백은 어떤 과제를 완수하는 동안 개인이 스스로 느끼는 성취 수준의 질에 관한 것이다. 궁극적으로 성숙한 내적 피드백을 할 줄 아는 것이 핵심이다. 자기 자신에 대해 스스로 긍정적인 평가를 하는 것이 성취에 가장 큰 영향을 준다. 우리 아이들이 모두 자신에 대해 좀 더 긍정적인 시각으로 자부심을 가지고 성찰할 줄 아는 능력을 가졌으면 좋겠다. 내적 피드백 능력의 발달은 곧 전두엽의 발달과 매우 밀접하며 결국 상호 보완적인 관계가 된다.

좀 더 효과적인 내적 피드백을 위해, 현실 치료를 창시한 미국의 정신과 의사 윌리엄 글래서가 제시하는 실패한 결과에 대한 피드백 방법을 알아보자. 그는 "실패란 없다. 또 한 번의 학습이 있을 뿐이다."라고 말한다. 실패 경험을 통찰하여 스스로 무엇을 어떻게 다르게 할지 자기 평가를 내릴 수 있다면 당연히 성장으로 가는 지름길이 된다. 어떤 일을 경험한 후에 스스로 다음과 같이 평가해 보도록 도와주자.

나는 ____을 하려고 했다.

나는 ____을 배웠다.

앞으로 나는 ____을 다르게 하고 싶다.

    도전한 것이 무엇이든 실패할 수 있다. 이때 바람직한 내적 피드백은 결과는 실패이더라도 그 과정을 통해 자신이 새롭게 배우게 된 점이 무엇인지 평가하는 것이다. 그리고 새로이 배웠으니 다음에는 어떻게 다르게 할지 생각하는 것이다. 윌리엄 글래서는 자기 평가에서 '아쉽게도' '안타깝게도' '제가 잘 몰라서'라는 말은 필요 없다고 강조한다. 건강한 자기 평가가 곧 건강한 내적 피드백으로 자리 잡게 되고, 이런 내적 피드백을 할 줄 아는 아이는 진정한 경쟁이 가능해진다.

    진정한 경쟁이란 엄밀하게 말하면 타인과의 경쟁이 아니라 자신과의 경쟁이다. 어제보다, 한 달 전보다, 1년 전보다 내가 얼마나 나아지고 발전하고 있는가의 문제이다. '지금 나는 성장하고 있다.'라는 느낌으로 발전해 가도록 아이를 도와주자. 긍정적이고 정보적인 피드백으로 건강하게 성장한다면 청소년들은 점차 건강한 내적 피드백을 스스로 할 줄 아는 성숙한 모습이 될 것이다. 우리 아이들이 모두 그렇게 성장했으면 좋겠다.

    청소년기 자녀의 부모 역할은 이제 차원이 달라야 한다. 청소년 자녀의 독립성을 인정하며 스스로 경험하고 깨달을 수 있도록, 아이의 심리적 영역을 침범하지 않도록 안전거리를 유지해야 한다. 뇌 발달의 불균형으로 좌충우돌, 우왕좌왕, 흥분과 우울을 반복하며 힘겨워하는 아이가 안전하게 성장하도록 도와주어야 한다. 이 말은 충동과 쾌락적 자극을 조절할 수 있는 전두엽의 기능이 원활하게 발달하도록 도와줘야 한다는 의미이다. 바로 지금 이 순간에도 우리 아이의 뇌는 외부 자극의 영향을 받으니 말이다.

구자욱 한국뇌연구원 책임연구원은 청소년들의 '뇌 관제탑'인 전두엽이 제 역할을 하려면 책을 읽거나 새로운 정보에 노출시켜 생각하는 시간을 늘리는 등 머리를 많이 쓰는 일이 중요하다고 말한다. 특히 그는 "무엇보다도, 건강한 가족 관계가 아이들의 균형 잡힌 뇌 발달에 중요하다."라고 강조한다.

전두엽을 성장시키는 부모 역할은 무엇일까? 언뜻 보면 뇌 전문가가 제시하는 방법은 그렇게 획기적으로 보이지는 않는다. 하지만 심리학을 공부하면 할수록 깨닫게 되는 것이 있다. 진리는 단순하며 그 단순함을 지키고 행하는 것이 쉽지 않다는 것이다. 아이 의견을 존중해서 질문하고, 혹시 부모의 마음에 들지 않는 방법을 선택한다 해도 미리 비난하지 않아야 한다. 행여나 실패하더라도 그 결과에 대해 다시 평가하고 의견을 나누며, 다음에 어떻게 다르게 할지 생각해 보아야 한다. 아주 기본적인 것이지만 이런 것들이 가능하려면 무엇보다 건강한 가족 관계가 중요하다. 서로 소통하는 대화가 가능한 관계여야 한다는 말이다.

"너는 어떻게 생각하니?"

"이럴 때 어떻게 하면 좋을까?"

"만약 이 방법을 선택한다면 어떤 결과를 예측할 수 있을까?"

"만약 실패한다 해도 우리는 좋은 경험을 하는 거야. 그러니 용기 있게 해 보기 바라."

부모가 아이와 이런 대화를 나눌 수 있다면 틀림없이 우리 아이는 눈부신 청소년기를 보내게 될 것이다.

부모가 꼭 알아야 할 청소년 심리 2

상상 속의 관중이
나를 보고 있다

아무도 나에게 관심을 보이지 않아요

내가 글을 올리면 아무도 대꾸를 안 해 줘요. 그럼 난 쓸모없는 인간이라는 생각이 들고, 학교에도 못 가겠어요. 전부 나를 놀리고 비난하는 것 같아서, 그 순간 내 존재를 사라지게 만들고 싶어요. 근데 내가 사라져도 아무도 모를까 봐 그게 더 겁이 나요.

학교에 적응하기 어려워하는 한 중학생에게 가장 힘든 점이 무엇이었는지 물었더니 이렇게 말했다. 만약 우리 아이가 이렇게 말하면 나는 무슨 말을 해 주고 싶은가? 지금 바로 떠오른 말은 다음 중 어떤 것인가?

야, 그럼 너도 무시해. 네가 신경 안 쓰면 되는 거야.

그런 거 다 쓸데없어. 공부 열심히 해서 성공하면 그게 복수야.

너 또 엄마 몰래 카톡 한 거야? 스마트폰 내놔. 네가 약속 어겼으니 압수야.

이런 대답들은 하나같이 절망적이다. 아이를 더 화나게 하고 행동을 악화시킬 뿐이다. 아이의 말을 통해 아이가 스마트폰 사용에 대한 약속을 어긴 걸 알게 되었다 해도 그건 나중에 다시 협의하고 약속을 정해야 하는 주제이다. 지금 아이는 혼나는 게 너무 싫지만, 힘든 마음을 호소할 데가 없어 용기를 내어 부모에게 말하고 있다는 걸 알아야 한다. 바로 이런 말들이 도와 달라는 간절한 구조 요청임을 알아야 한다. 겉으로 드러나는 아이의 생활 태도에만 화가 나 있는 부모는 아이의 용기와 노력을 알아차리지 못하고 생활 태도에 대해서만 지적하는 실수를 범하기 쉽다. 용기를 내어 말해 준 아이에게 고마움을 표현하는 것이 우선이다.

말하기 어려웠을 텐데 엄마한테 말해 줘서 고마워.

먼저 이렇게 말해 주어야만 아이는 다음에도 어려운 일이 있으면 부모에게 도움을 청할 수 있다. 그 다음에 아이가 한 말의 내용에 집중해 보자. 지금 아이는 SNS에서 아무 반응이 없는 친구들 때문에 자신의 존재 가치가 없는 것 같고, 세상 사람 모두가 자신을 비난하고 놀리고 싫어한다고 생각한다. 그래서 위험하게도 내가 나를 없어지게 만들고 싶다는 생각에까지 이르고 있다. 하지만 그 또한 아무도 모를까 봐 겁이 난다고 했다.

청소년기 자해 행동의 원인은 다양하다. 나 자신이 너무 싫어서, 혹은 역설적으로 불안한 마음을 진정시키기 위해서 자해를 한다. 그리고 많은 경우 세상 사람들에게 '내가 여기 있어요. 난 이런 존재예요.' 하고 알리려는 의도도 매우 크다. 청소년기 아이들은 세상 사람들이 모두 나를 보고 있다고 착각하기도 하고, 그래서 만일 아무도 나의 존재를 알지 못하고, 보고 있지도 않고, 인정해 주지 않는다고 느끼면 좌절과 충격이 매우 크다. SNS에서 주고받는 대화가 부모가 보기엔 정말 쓸데없는 내용 같지만, 아이들에겐 그게 바로 관심의 표현이고 내 편이라는 증거이며 우정을 확인하는 신호라는 것을 이해해 주면 좋겠다.

1부에서 이야기했던 현아가 친구와의 관계를 회복할 수 있었던 계기 역시 한 친구와 밤새 나눈 메신저 대화 덕분이었다. 어느 날 밤, 단체 채팅방에서 오고 가는 대화 속에서 현아는 한 친구가 자신과 같은 연예인을 좋아한다는 사실을 알게 되었다. 현아는 자기가 갖고 있던 연예인 사진을 그 친구에게 보냈고 이후 둘만의 대화가 시작되었다. 둘은 어느새 자신의 어려움을 조금씩 털어놓기 시작했고, 마음을 힘들게 하는 친구에 대한 속사정도 말하며 서로 위로하고 공감하며 둘만의 세상을 만들었다. 그다음 날 현아는 상담실에 들어오면서 이렇게 말했다.

"선생님, 저 어젯밤에 완전 감성 폭발했어요. 너무 좋았어요. 오랜만에 살맛 났어요."

세상의 수많은 사람 중 한 사람이 나를 알아주고, 내 마음을 받아주고, 서로 통했다는 느낌이 들면 그게 마치 생명수 같은 역할을 하기도 한다. 현아에게 대화의 어떤 내용이 그렇게 너를 기쁘고 행복하게 했는지 물어보니 "구체적인 내용까지 알면 선생님이 다쳐요."라며 웃는다. 아무리 상담 선생님이지만, 둘이서 나눈 이야기를 친구 허락 없이 털어놓는 데 대해 조심하는 것이다. 굳이 알아야 하는 일은 아니다. 중요한 것은 둘의 우정이 새로 탄생했고, 당분간 이 친구 덕분에 사는 게 외롭지 않을 것 같다며 웃는 아이의 마음이었다.

친구의 말에 확 바뀌는 청소년

청소년에게 친구가 중요하다는 사실은 부모는 경험적으로 알게 된다. 제대로 씻고 옷 좀 자주 갈아입으라고 아무리 말해도 듣지 않던 아이가 친구의 말 한마디에 갑자기 행동이 바뀐다. "나는 수학을 잘 못 해."라는 말을 입에 달고 다니던 아이가 "너 수학 잘하네!"라는 친구의 칭찬 한마디로 자신감을 얻게 되는 경우도 많다. 그런데 사실 이런 현상은 아이가 부모의 말을 듣지 않는다는 관점으로 볼 게 아니라, 청소년기에 또래 친구의 영향이 두뇌에 미치는 영향으로 이해하는 것이 더 적합하다.

청소년은 보상에 예민하게 반응한다고 했다. 그중에서도 또래가 주는 사회적 보상은 파급력이 엄청나다. 2010년 미국 템플대학교 심리학과의 체인 교수는 또래 집단이 청소년의 위험 행동에 미치는 영향을 알아보는 실험을 했다. 사춘기 청소년, 대학 초년생, 성인 세 집단에게 자동차 게임을 하도록 했다. 이들은 자동차 운전 모의실험에서 20개의 교차로를 통과해야 한다. 교차로를 통과할 때 노란 신호등이 깜빡인다. 여기서 멈추면 3초가 늦어진다. 신호등을 무시하고 지나가면 3초를 벌 수 있지만, 그러다가 앞차와 충돌하면 도리어 6초가 늦어진다. 골인 지점에 빨리 들어올수록 보상도 더 커지는 조건이다. 게임은 한 번은 혼자서, 또 한 번은 또래가 지켜보는 상황에서 실행하여 비교해 보았다.

실험 결과는, 또래가 보고 있다는 조건이 청소년이 위험한 행동을 시도하는 데 큰 영향을 미친다는 것을 확연히 보여준다. 또래 집단이 없는 경우 청소년이 신호등을 그냥 지나치는 빈도는 대학 초년생보다 오히려 낮았으며 성인들과 비슷했다. 이는 청소년이 판단할 능력이 없는 것이 아니라는 증거로 해석할 수 있다.

반면, 친구가 지켜보는 상황에서는 전혀 다르게 나타났다. 성인들은 혼자 운전하든 친구가 지켜보든 큰 차이 없이 사고 빈도가 비숫했다. 하지만 청소년은 달랐다. 또래가 지켜보는 조건에서는 신호등을 무시하고 지나치는 경우가 20퍼센트 가까이 늘어났으며, 앞차와 충돌하는 횟수도 평균 3.5회에서 5.5회로 크게 늘어났다. 감정적·사회적 보상에 민감한 청소년기 뇌의 특성이 무모한 행동을 선택하게 하는 것이다. 이에 대해 고려대학교 김성일 교수는 "청소년들은 위험을 지각하고 충동을 조절하는 전전두엽의 기능이 덜 발달한 데 비해 사회 정서적인 보상 체계는 이미 잘 발달해 있다. 그러다 보니 그들 간의 불균형이 발생한다. 이 시기 친구들의 존재는 보상 체계로 하여금 위험한 행동에서 얻을 수 있는 보상의 측면에 더욱 민감하게 반응하게 하므로 위험을 무릅쓰게 되는 것이다. (…) 결국 또래의 인정을 받기 위해서 위험한 결정인 줄 알면서도 감행하게 되는 것이다."라고 설명한다.

그렇다면 이렇게 친구의 말 한마디 때문에 충동적이고 위험한 행동에 빠져드는 우리 아이를 과연 어떻게 지켜야 한다는 말인가. 부모가 아이의 모든 행동을 통제하고 위험을 차단하는 것은 현실적으로 불가능하다. 학원에 보내고 과외를 붙여 쉴 틈 없이 관리하거나, 실시간으로 위치를 추적하는 건 효과도 없을 뿐 아니라 반항심만 불러일으킨다. 게다가 엄밀하게 말하면 이는 정서적 폭력이다.

상상 속의 관중

　청소년기의 두드러진 특징 중 하나가 바로 자아 중심성(adolescent egocentrism)이다. 이는 유아기의 자기중심성(egocentrism)과는 의미가 다르다. 유아기의 자기중심성은 다른 사람의 관점이나 입장을 고려하지 못하고 자기 입장에서만 생각하고 행동하는 특성을 말한다. 즉, 자신과 다른 위치에 있는 사람들이 보는 관점을 이해하지 못하는 것이다. 함께 있어도 각자 자기 놀이를 하고 자기 이야기만 하며 놀거나, 그림을 보여 달라고 하면 여전히 자기 쪽으로 놓은 상태로 보라고 말하거나, 숨바꼭질할 때 머리만 숨기고서 다 숨었다고 생각하는 행동들이다. 이런 자기중심성은 초등학교에 갈 시기가 되면서 또래들과 관계를 맺으며 점차 벗어난다. 물론, 아이에게 주어진 심리적 환경과 경험에 따라 그 발달 정도는 달라진다.

　그런데 청소년기의 자아 중심성은 조금 다른 의미이다. 심리학자 데이비드 엘킨드는 청소년기에만 나타나는 인지 행동 양상인 청소년기의 자아 중심성을 처음으로 제기하면서 '상상 속의 관중'(imaginary audience)이라는 개념을 말했다. 청소년기에는 다양한 사람들을 접하게 되고 타인에 대한 관심이 커진다. 이 단계에서는 상대방의 입장과 관점을 깊이 이해하기보다는 남들이 나를 어떻게 생각하는가에 신경을 쓰는 경향이 강하다. 시도 때도 없이 거울을 들여다보고, 얼굴의 아주 작은 점 하나를 온 세상 사람들이 다 보고 있다고 착각하는 것이다. 청소년기 아이들이 "창피하다(쪽팔리다)"라는 말을 유난히 자주 쓰는 이유를 이해할 수 있다. 자신에 대한 관심이 집중된 나머지 다른 사람들도 자신의 외모와 행동에 엄청나게 신경을 쓰고 있다고 생각한다. 자기 혼자 무대에 서 있는 주인공이며, 다른 모든 사람들은 자신을 보고 평가하는 관중으로 느낀다.

그런데 그 관중들은 매우 비판적이고 신랄한 관중이다. 따라서 청소년들은 그런 상상 속의 관중들에게 잘 보이기 위해 얼굴의 여드름 하나, 머리 모양, 표정이나 몸짓, 화장, 옷차림 등에도 그렇게 신경을 쓰는 것이다. 성숙하지 못한 이런 현상들로 인해 아이들은 지나치게 남을 의식하게 되며, 때로는 좀 더 남의 눈에 띄기 위해 도발적인 행동을 하거나 엉뚱한 짓을 저지르기도 한다. 흔히 말하는 중2병의 증상들이 '상상 속의 관중'이라는 개념으로 설명될 수 있다. 공연히 길을 걸으며 거들먹거리거나, 있는 척, 센 척하는 중학생들은 한 걸음 한 걸음 걸을 때마다 주변의 모두가 자기를 보고 있다고 착각한다.

버스나 전철에서 혹시라도 넘어지면 어떨지 상상해 보자. '상상 속의 관중' 단계를 벗어난 사람이라면 그 순간 당황하고 창피하기는 하겠지만, 그 일로 다음 날 버스를 타지 않겠다는 말은 하지 않을 것이다. 하지만 아이들은 그렇지 않다. 그 버스에 탔던 모든 사람들이 자신을 봤고 기억할 것이라고 생각하기 때문에, 아무리 먼 길이라 하더라도 절대 그 버스를 타지 않는 현상이 벌어진다. 한심해 보이지만, 지금 어른들 또한 자신의 청소년기를 생각해 보면 비슷한 기억들이 줄줄이 소환될 것이다.

그렇다고 해서 청소년기의 이런 증상이 꼭 나쁘기만 한 것은 아니다. 지나치게 남을 의식해서 문제가 되는 경우도 있지만, 동시에 좀 더 바람직한 쪽으로 발전하는 원동력이 되기도 한다. 남들이 나를 보고 있다는 생각에 오히려 도덕적 경계심을 무너뜨리지 않는 아이들도 무척 많다. 상상 속의 관중 덕분에 사회적 질서와 규칙을 더 잘 지키려는 아이도 있다는 의미이다.

학교에 가기 싫어 학교 밖을 배회하던 한 아이는 학교에 안 간 자신을 의아하게 바라보는 타인의 시선을 느끼고 학교에 다니기로 마음먹었다고 말한다. 수업 시간에 엉뚱한 질문으로 친구들의 호응을 얻은 한 아이는 그렇게 질문하는 재미를 키워 가다 점차 수업 내용에 관련된 질문으로 발전하기도 한다. '상상 속의 관중'을 의식하는 청소년기의 특징이 아이의 성장과 발전에 얼마든지 도움이 될 수 있다.

선생님 말씀을 잘 듣는 이상한 중2 교실

청소년 아이들은 아직 감성적이고 충동적이며 비논리적이다. 자신이 경험하고 습득한 작은 정보들을 세상의 전부로 착각하기도 한다. 인스타그램이나 유튜브, 혹은 친구 몇 명의 말이 전부인 양 믿으면서, 부모나 교사가 하는 바람직한 충고들은 식상하다고 무시해 버리기도 한다. 그래서 부모는 청소년 아이의 사고와 인식을 성숙하게 발전시키기 위해 좀 더 전략적으로, 좀 더 섬세하게 접근할 필요가 있다. 부모나 교사가 아이의 바람직한 행동을 좀 더 강화시키려면 어떻게 하면 좋을까? 바로 부모가 '상상 속의 관중'이 아닌 '현실 속의 바람직한 관중'이 되는 것이다. 부모가 진짜 성숙한 관중이 되어 아이에게 칭찬과 지지와 격려를 보낼 때, 아이는 자기 안의 보석 같은 모습을 찾아내고 성숙한 모습을 보여 주기 시작한다. 청소년의 선행에 관한 미담이 가끔 언론에 보도된다. 혹한에 쓰러진 노인에게 패딩을 벗어 주고 응급 처치를 하며 119의 도움을 요청한 청소년들, 하굣길에 현금 200만 원이 든 지갑을 주워 경찰에 신고하여 주인을 찾아 준 중학생, 자살하려는 50대 남성을 막고 경찰이 출동할 때까지 뒤에서 붙들고 버틴 중학생……. 이 아이들은 어떻게 이렇게 용기 있는 행동을 할 수 있었을까? 아이 주변에 있는 현실 속의 바람직한 관중의 역할이 있었다고 주장하는 것도 무리는 아닐 것이다.

재미있는 사례가 있다. 선생님들을 위한 연수 시간에, 한 중학교 선생님의 사례가 모두의 감탄을 불러일으켰다. 이 선생님은 중학교 2학년 담임을 맡았는데 1년이 다 지나가도록 특별한 문제 없이 아이들이 안정적으로 학교생활을 하고 있다고 한다. 선생님은 자신이 운이 좋아 모두 순하고 착한 아이들만 모여서 그렇다고 하지만, 친한 동료 선생님이 옆에서 절대 그렇지 않다고, 이 선생님만의 특별한 비법이 있다고 칭찬을 덧붙인다.

맞다. 절대 운이 좋아 그럴 리가 없다. 천방지축에다 어디로 튈지 모르는 중학교 2학년 아이들이 무사히 1년을 마칠 수 있었던 것은 분명 담임선생님만의 특별한 노하우가 있는 것이다. 자꾸 별거 없다는 선생님을 부추겨서 무엇을 어떻게 하셨는지 이야기를 들었다. 선생님은 '아이들 한 명 한 명에게 표현하는 작은 관심'과 '아주 짧고 간단한 개별적인 만남'이 그 비결인 것 같다고 했다. 선생님이 아이들에게 한 것을 정리하면 다음과 같다.

- 아이들 각각에게 한 달에 한두 번 정도 관심을 표현하는 말을 건넨다.
- "밥 좀 더 먹어." "머리 잘랐네. 시원해 보인다." "오늘 기분이 안 좋아 보이네." 정도의 말을 건네고, 아이가 뭐라 대답하면 "그랬구나." "힘들었겠다." "힘내." "잘할 줄 알았어."라며 맞장구치는 정도의 말을 해 주었다.
- 계획적인 만남을 미리 잡기보다 각 학생과의 개인적인 접촉이 뜸하다고 생각되면 언제든지 이야기를 나눈다.
- 혼을 낼 때는 잘못한 특정 사건에 대해서만 말한다. 어떠한 점

때문에 화가 났다고 정확하게 언급한다.

선생님의 말을 들으며 진심으로 감탄했다. 참 간단한 방법이지만, 심오한 심리학적 원리가 깊게 스며들어 있다. 부드럽지만 매우 강력한 방법이다. 상상 속의 관중이 아니라, 현실의 절대적 관중인 담임선생님이 나를 보고 있다는 강력한 메시지가 전달된 것이다. 나한테 개인적으로 관심을 보이는 선생님에 대한 감사한 마음, 왠지 선생님을 실망시키면 안 될 것 같은 마음이 청소년 아이들의 행동에도 영향을 미친 것이었다. 한 명 한 명에 대한 선생님의 작은 관심에 반 아이들의 마음이 움직였다. 게다가 아이들이 언젠가부터 "선생님, 요즘 ○○이가 힘이 너무 없어요."라고 말해 주는 덕분에 그 안에서 일어날 수 있는 크고 작은 사고들을 미리 예방할 수 있었다. 까칠하기만 한 중학교 2학년 아이들이 친구에 대해서도 선생님이 자신을 보는 것 같은 따뜻한 시선을 갖게 된 것이었다. 그러니 아이들이 안정적이고 편안하고 즐겁게 학교생활을 할 수 있었던 것이다.

가장 중요한 핵심은 선생님이 아이 개인에 대한 작은 관심을 진심으로 표현해 준 것이다. 이런 관심의 표현 덕분에 잘못에 대해 혼을 낼 때도 반감이 없는 것 같다고 했다. 질풍노도의 시기인 청소년기 아이들이 이렇게 작고 부드러운 방법에 마음이 움직인다는 사실이 중요하다. 소중한 우리 아이가, 세상 모두가 나를 지켜보며 비난하고 있다는 잘못된 생각 때문에 괴로워하고 있을 수 있다. 상상 속의 관중이 아닌, 현실의 바람직한 관중이 사랑하고 격려하는 마음으로 나를 지켜보고 있다는 것을 깨닫게 된다면 아무리 심각한 문제를 보이고 있는 아이라 하더라도 조금씩 마음의 문이 열린다.

나는 특별하다,
내 마음은 아무도 모른다

나는 특별해

그럴 줄 알았어. 네가 원래 그렇지 뭐!

이런 말 한마디에 마음이 무너진 적이 있는가? 그 말이 주는 견딜 수 없는 모멸감에 내가 너무 싫고 그런 말을 한 사람을 증오해 본 적이 있는가? 이렇게 치명적인 말을 아이에게 주로 하는 사람들은 아이러니하게도 대부분 부모이거나 선생님이다. 아이가 잘하기를 바라는 마음에, 이렇게 말해야 정신을 차리고 잘할 거라는 잘못된 믿음 때문에, 혹은 마음은 그렇지 않은데 나도 모르게 자꾸 그런 말이 튀어나온다. 어떤 이유가 되었든 이 말을 하는 부모나 교사의 마음은 열심히 잘하라는 의미를 전달하는 것이다. 하지만 청소년 아이들은 지나가듯 툭 내뱉는 이런 말에 엄청난 충격과 좌절을 경험한다. 늘 비슷한 잔소리를 했는데 왜 아이가 갑자기 저렇게 폭발하는지 모르겠다며 부모는 당황한다. 부모의 잔소리는 십여 년 동안 변함이 없었으나 아이는 다르다. 아이는 하루하루 자라고 있고, 더구나 청소년기라는 정체성의 격변기에 서 있다. 청소년기 자아 중심성이라는 아주 특별한 특성까지 발휘되고 있기에, 부모는 아이를 예전과 똑같이 대했지만 아이의 반응은 180도 달라지는 것이다.

그렇다면 청소년들은 왜 이렇게 유난스러운 반응을 보이는 걸까? 그 이유를 청소년기 자아 중심성의 또 다른 특징인 '개인적 우화'(personal fable)에서 찾아보자. 개인적 우화는 청소년들이 자신은 특별하고 독특한 존재이고 따라서 자신의 감정이나 경험 세계는 다른 사람과 근본적으로 다르다고 믿는 특징을 말한다. 자신이 경험하는 우정과 사랑, 혹은 무모한 도전이나 일탈도 모두 다른 사람이 결코 경험하지 못하는 것으로 생각한다. 자신이 너무 중요하고 특별한 사람이기 때문에 다른 사람들은 자신을 절대 이해하지 못할 것이라 믿기도 한다. 개인적 우화의 또 다른 모습은 혹시 뭔가 일을 저지른다 해도 위험이나 위기 상황이 자신에게는 일어나지 않을 것이라는 믿음이다. 또는 일어나더라도 자신은 피해를 입지 않으리라는 근거 없는 확신을 갖게 만들기도 한다.

친구와의 우정에 대해 "엄마도 그때는 그랬어."라고 말하면, "그런 거 아니라고! 엄마는 절대 몰라. 아는 척하지 마!"라고 대꾸하는 것을 들어 보았을 것이다. 사춘기 시기의 사랑과 우정, 실망과 좌절, 불안과 우울 등을 먼저 경험한 부모나 교사에게 조언을 구하는 것이 아니라, 나만 아주 특별한 경험을 하고 있다고 계속 우기고 주장하는 것이다. 이런 점이 청소년 심리의 특징이다. 그래서 어떤 청소년들은 이런 자신만의 특별하고 유일한 경험들을 자기 마음을 이해해 줄 거라 믿는 친구에게 공유하거나 비밀 일기에 기록하기도 하고, 자신의 블로그나 SNS에 올리기도 한다. 자신의 느낌은 너무나 독특하고 세상에 없는 것이기 때문에 세상 사람들에게 알려야 한다고 생각하는 것이다.

그런데 청소년의 개인적 우화가 부정적으로 작동하면 때로는 잘못된 결론에 다다르게 된다. 작은 문제나 어려움에 부딪혔을 때 그 일이 다른 사람은 겪지 않는 자신만의 고유한 일로 판단하는 것이다. 그러다가 감정도 생각도 극단으로 치닫고 결국 잘못된 결론을 내리고 과잉 반응을 보이게 된다. 문제에 부딪힌 아이의 마음에서 개인적 우화가 잘못 작동하면 어떻게 되는지 살펴보자.

성적이 떨어졌다. → 나중에 뭐 해 먹고살까 걱정이 되어서 아무것도 할 수가 없다. 공부 해 봤자 성적은 안 오를 것이다. → 그 누구도 절대 내 마음을 이해하지 못한다.(개인적 우화) → 도움을 청하느니 차라리 모든 걸 그만둬 버리는 게 낫다.(잘못된 결론)

친구가 내 문자에 답을 해 주지 않았다. → 답장 안 해 줘서 서운하다고 말하면 친구가 나를 싫어하게 될 거다. → 그런데 나의 이런 마음은 아무도 모른다.(개인적 우화) → 그 누구도 나를 좋아하지 않는다. 나에게 관심 있는 사람은 아무도 없다.(잘못된 결론)

성적이 떨어지거나 친구와의 관계가 소원해지면 누구든 당연히 걱정스럽고 좌절하게 된다. 누구나 느끼는 이런 감정들조차 개인적 우화의 과정에서는 그 누구도 내 마음을 이해하지 못할 것이라는 잘못된 결론으로 치닫는다. 개인적 우화의 믿음을 가진 청소년들은 나의 경험, 감정, 생각은 모두 나만의 독특하고 고유한 것으로 생각한다고 했다. 친구들도 잘 모를 뿐 아니라, 부모나 교사는 더더욱 이해하지 못하리라 생각하는 것이다. 부정적인 개인적 우화는 이렇게 부정적인 정체감을 형성하게 하고, 낮은 자존감을 갖게 하여 돌고 도는 악순환의 고리에서 빠져나오기 힘들게 한다.

또한 개인적 우화에는 과도한 긍정적 자의식의 측면도 있어서, 청소년들에게 어떤 면에서는 자신감과 위안을 주기도 한다. 하지만 비현실적인 상상에 대한 믿음이 커지면 위험하고 과격한 행동을 할 위험성이 높아진다는 점도 기억해야 한다. 아이들이 충동적으로 저지르는 일의 결과는 치명적이거나 심리적 피해가 너무 커서 사건 자체는 별거 아니었지만 아이가 다시 정상적인 삶의 궤도로 돌아오는 일이 어려운 경우도 많다. 과도한 자의식이든, 파괴적인 결론이

든 아이들이 이런 잘못된 믿음으로 인해 겪게 되는 과정은 우선 스스로를 너무 힘들게 한다. 그러니 아이가 이 터널을 잘 지나올 수 있도록 도와주어야 한다.

간접 칭찬의 효과

작은 키 때문에 아무것도 할 수 없고 모두에게 무시만 당한다고 생각하는 아이가 있다. 그 아이에게, "키 작은 걸 어쩌라고. 그건 유전이니까 포기해. 딴생각 말고 공부나 열심히 해."라고 한다면 아이는 작은 키뿐만 아니라 자기 존재 전반에 대해 부정적인 생각을 더욱 확고히 하게 된다. 혹시라도 우리 아이가 자신이 너무 못생겼다고, 키가 작다고, 성적이 나쁘다고, 나에게 관심을 주는 이성 친구가 없다고 부모에게 속상하다는 신호를 보낸다면 절대 무시하면 안 된다. 쓸데없는 생각이라고 치부하면 할수록, 아이는 오히려 아무도 나를 이해하지 못한다는 미성숙한 개인적 우화가 더 심화될 뿐이다. 이런 아이를 도와주기 위해서는 우선 아이가 가진 개인적 우화의 의식들에 정면으로 반박해서는 안 된다. 나 잘난 맛에 사는 것이거나, 지금 경험하는 우울과 좌절이 나만의 독특함이라는 생각이어쩌면 지금 아이를 지탱하고 있는 것일 수도 있기 때문이다.

개인적 우화의 터널에서 아이가 성숙하게 잘 빠져나오게 도와주는 방법은 의외로 간단할 수 있다. 우선 그동안 부모와 아이의 관계가 좋았다면 일은 수월하다. "엄마(아빠)도 네 나이에 비슷한 고민을 했었어. 정말 힘들었어. 요즘은 옛날과 너무 달라졌으니 너는 어쩌면 엄마(아빠)보다 더 힘들 수도 있겠구나. 어떻게 위로해 주면 힘이 날까?"

부모도 비슷한 고민을 했었다는 말은, 부모가 공감하고 있음을 알려 주고 아이에게 심리적 친밀감을 느끼게 한다. 요즘 세상은 옛날과 너무 다르니 네가 더 힘들겠다는 말은 아이의 자아 중심성과 개인적 우화를 잠재우고, 자신이 이해받는다는 느낌을 준다. 어떻게 위로해 주면 힘이 날까 하는 말 역시 부모가 자신의 편임을 알리는 말이다. 당장 좋은 방법을 찾지 못한다 해도 그 어려움을 극복해 갈 마음의 힘을 준다. 그리고 부모에게 마음을 열고 대화하고 싶은 마음을 불러일으키는 것이다.

그렇다고 아이가 당장 확 변해서 부모의 품으로 달려들지는 않는다. 왠지 좀 더 부드럽게 반응하고 은근슬쩍 이런저런 이야기를 꺼내는 정도로 아주 서서히 다가올 것이다. 그 정도면 무척 성공적인 시작이라는 것을 기억해야 한다.

하지만 평소에 관계가 좋지 않다면 이러한 시도는 오히려 부작용을 일으킬 수도 있다. 별로 좋아하지도 존경하지도 않는 엄마 아빠의 과거 이야기를 듣고 싶지도 않고, 나만이 느끼는 이 특별한 느낌들을 부모가 아는 척하는 것조차 싫기 때문이다. 이럴 땐 간접적인 방법이 더 효과적이다.

　해결 중심 치료의 창시자 스티브 드세이저가 강조한 '간접 칭찬'에 대해 알아보자. 간접 칭찬이란 담임선생님이나 학원 선생님이 아이를 칭찬했다는 말을 아이에게 전달하거나, 아이가 옆에 있을 때 엄마 아빠 두 사람의 대화에서, 또는 엄마가 누군가와의 전화 통화에서 지나가는 말처럼 하는 칭찬을 말한다.

> 선생님이 네가 요즘 무척 열심히 한다고 하시더라. 어떻게 한 거야?
> 넌 원래 그런 거 잘하잖아. 어릴 때부터 어려운 일이 생기면 오히려 침착해서 엄마가 네 덕분에 진정할 수 있었어.
> ○○이가 요즘 자기 일을 스스로 잘 챙겨요. 훌쩍 큰 것 같아요.
> ○○이는 마음먹으면 집중을 잘해요.

　이런 말들이 직접적인 칭찬보다 훨씬 더 효과적이다. 혹시 칭찬할 거리가 없다고 생각되는가? 아무리 문제가 많아 보여도 자세히 살펴보면 아이는 잘하는 행동이 있다. 그걸 찾아 간접 칭찬하는 방식이 아이에게 지속적으로 긍정적인 에너지를 주며, 그 힘이 모여 좀 더 바람직한 행동으로 발전하게 된다. 아이가 실제로 10분밖에 집중을 못 한다 해도 순간순간 집중을 잘한다는 말로 바꾸어 말할 수 있어야 한다. 간접 칭찬이 무엇보다 좋은 이유는 심리적 부담을 느끼지 않으며 마음을 돌볼 수 있기 때문이다.

간접 칭찬은 아이가 자신의 강점이나 자원을 스스로 발견하도록 하므로 직접적인 칭찬보다 더 바람직하다. 너는 이미 바람직하고 좋은 방법으로 문제를 해결할 능력을 가지고 있을 뿐 아니라, 성공적으로 잘하고 있음을 증명해 주는 방식이다. 간접 칭찬을 통해 아이는 자신감과 자존감을 한층 높일 수 있으며, 앞으로 더 긍정적인 방식으로 문제를 해결해 갈 수 있는 힘을 얻게 된다.

> 어떻게 친구를 그렇게 도울 수가 있었어?
>
> 어떻게 그런 생각을 할 수 있었어?
>
> 그렇게 하는 게 좋다는 것을 어떻게 알게 되었니?
>
> 아빠가 화낼 때 조용히 참았다가 나중에 다시 이야기하는 게 도움이 된다는 걸 어떻게 알았어?

'상상 속의 관중'과 '개인적 우화'에 대해 연구한 데이비드 엘킨드는 "이러한 우화는 보통 주인공이 진정한 친밀감을 형성할 때 끝난다."라고 강조했다. 심리학자 알프레드 아들러는 "인간의 고민은 모두 인간관계에서 시작된다."라고 말했다. 그러니 관계로 풀어 가는 것이 적절하다. 부모는 진심으로 청소년 자녀와 대화를 하고 싶고, 함께 웃고 싶고, 때로는 위로를 해 주고 싶다. 그렇지만 뭐라고 말해야 할지 모를 때가 많다. 이럴 때 간접 칭찬이 매우 효과적인 방법임은 분명하다. 무슨 말을 어떻게 해야 할지, 우리 아이를 어떻게 도와주어야 할지 잘 모르겠다면 간접 칭찬을 꼭 한번 시도해 보기 바란다.

부모가 꼭 알아야 할 청소년 심리 4

성격대로 살지 못하면 문제가 더 많아진다

인정 욕구가 강한 민호

중학교 3학년 민호는 우울하거나 불안하지는 않다. 하지만 자존 감과 자신감이 매우 낮고, 자신의 생각과 판단에 대한 확신도 부족 하다. 그리고 친구나 또래 집단에서 인정받는 게 너무 중요하다. 이런 특성이 있는 아이가 공부에서 인정받지 못할 경우 다른 데서 인정을 받기 위해 잘못된 방향으로 빠져드는 경우가 많다. 친구들에게 인정받고는 싶지만, 자기표현이나 주장도 잘 못하고 또래 분위기에 쉽게 동조하고 휩쓸리는 것이다. 함께 어울리는 친구들에게 품행 문제가 있다면 이제 문제는 심각해진다.

민호는 친구와 어울려 놀다 숙제를 안 하는 정도에서 시작해, 지각과 결석이 잦아지고, 문방구나 편의점 등에서 물건을 슬쩍 훔치기까지 했다. 친구들과 밤늦게 어울리다 본의 아니게 가출을 하는 경우도 생기기 시작했다. 게다가 부모님이 맞벌이로 일하기 때문에 집이 비어 있는 낮 시간에 친구들이 민호 집에 몰려와 컴퓨터 게임을 하고 노는 일이 다반사였다. 심지어 술을 마시고, 집 안에서 담배를 피우는 아이도 있었다. 하지만 놀고 난 뒷정리는 결국 민호 혼자 해야 했다.

이런 경험이 누적되면서 민호는 자책감과 회의감을 느끼고 자신을 비하하기 시작했다. 또래 집단 내에서 자신이 인정받는 것이 아니라, 이용당하고 무시당하는 입장에 놓인 걸 깨달았던 것이다. 그런데 다행히 그로 인한 수치심과 분노가 민호를 멈추게 했다. 더 이상 이런 식으로 자신을 망가뜨리면 안 된다는 위기감에 민호는 작년에 친했던 친구에게 이 상황을 털어놓았고 그 친구는 현명하게도 부모님께 의논하라고 권해 주었다. 민호 혼자 힘으로는 그 친구들과 어울리는 걸 멈추기 어렵다고 판단했던 것이다. 부모님은 민호의 그동안의 행동을 알고 처음엔 크게 화를 냈지만 곧 진정하고 어떻게 하는 게 민호를 위한 방법인지 고민하다 이사 계획을 앞당겨 전학을 결정하였다. 다행히 민호는 그 친구들과 다시 만나지 않았고, 무난한 학교생활을 이어 갈 수 있었다.

민호는 타인의 인정과 평가가 매우 중요한 성격이었다. 그런데 맞벌이인 민호 부모님은 민호가 초등학교 때까지는 낮에 연락도 자주 하고 열심히 챙겼으나 중학생이 되고 난 후에는 알아서 하겠거니 하며 민호를 방치하게 되었다. 사람 관계에 예민한 민호는 부모님으로부터 채우지 못하는 관심과 인정을 다른 곳에서라도 받고 싶었던 것이다. 그래서 친구들의 무리한 요구를 거절하지 못하고, 어느새 도덕적 행동의 경계가 점점 무너지고 있었다. 그런데 타인이 자신을 어떻게 평가하는가에 매우 민감한 민호의 성격이 오히려 민호를 멈추게 하는 힘이 되었다. 부모님의 반응이 걱정되기 시작했고, 다른 친구들과 선생님들의 시선도 걱정이 되었다. 그리고 민호의 그런 성격은 친구와 부모님의 도움을 받아 민호가 변화하는 데 큰 힘이 되었다.

그 이후 부모님은 작은 일에도 민호를 칭찬하기 시작했다. 민호의 수준에 맞는 학원을 찾아 공부를 돕고, 숙제가 많아 힘들어할 땐 학원 선생님과 의논해 숙제를 줄여 주기도 했다. 인정 욕구가 높고, 분위기에 쉽게 휩쓸리는 성격적 특징을 긍정적이고 생산적으로 활용하자 민호는 서서히 바람직한 생활 방식을 가지게 되었다.

청소년 아이들의 문제 행동을 살펴보면 성격에서 기인하는 경우도 무척 많다. 성격이 변할 수도 있지만, 좋지 않은 성격을 바꾸는 것에만 집중하는 건 어리석은 방법이다. 가장 먼저 해야 할 일은 아이가 가진 성격의 강점을 잘 발휘하도록 지지하고 격려해 주는 일이다. 그 다음 조금씩 자신의 성격을 보완해 가도록 지원해 주어야 한다. 이 순서를 지키지 않으면 아이는 스스로에 대해 부정적인 자아정체감을 갖게 되고 자신이 할 수 있는 일은 아무것도 없다고 느끼며 우울하고 무기력해진다. 고등학교 2학년 선미가 그런 경우이다. 선미의 이야기를 살펴보자.

혼자만의 시간이 필요한 선미

고등학교 2학년 선미는 작은 일에도 미리 걱정과 불안을 느끼며 심하게 위축된다. 우울하고 무기력감이 크며, 주의 집중에 어려움을 겪고 있는 상태이다. 학교 수업 시간에도 주로 잠만 자며 지내고, 집에서도 스마트폰을 붙들고 있거나 잠만 잔다고 했다. 자신의 미래에 대해서도 걱정이 많고, 어려운 문제를 해결해 나갈 자신감은 부족하다. 그런데 이상하게도 친구들과 함께 있을 땐 무척이나 밝은 모습을 보인다. 왜 이렇게 혼자 있을 때와 친구들과 함께 있을 때의 모습이 확연히 다른 걸까?

선미는 초등학교 6학년 때 왕따를 당한 적이 있었다. 그 때문에 선미는 자신이 잘하지 않으면 또 따돌림을 당할 수 있다는 강박증에 가까운 생각을 갖게 되었고, 중학교 때부터 지금까지 거의 5년이라는 기간을 친구들에게 자신의 진짜 마음은 숨기고 참으며 무조건 맞추고 거절하지 못한 채 양보만 하며 지내 왔다. 너무 오래 그런 시간을 보내면서 아이는 점점 우울하고 무기력해졌다. 그런데 선미는 상담사 앞에서조차 밝게 웃으며 자신에 대해 이야기한다. 어쩌면 밝은 웃음이 바로 선미의 방어 기제일 수 있다. 웃으며 상대에게 호감을 얻으면 더 이상 왕따를 당하지는 않지만, 힘들다는 말도 싫다는 말도 못 하고 그저 상대의 기분을 맞추는 데 자신의 에너지를 다 써 버린다. 그러니 어떻게 다른 활동에서 에너지를 낼 수가 있겠는가?

타인 앞에서 습관이 되어 버린 억지웃음을 멈추어도 된다는 것을 알려 주기 위해 두 번째 상담 시간에 선미에게 부탁했다.

선미야, 오늘 우리 질문하고 이야기 나누는 동안에는 웃지 않고 작은 목소리로 하고 싶은 말만 해 보자.

엉뚱한 제안에 선미의 눈동자가 흔들렸다.

그냥 좋으면 좋다, 싫으면 싫다, 모르면 모른다, 생각해 보겠다, 이런 말들 중에서 가장 너의 마음에 가까운 이야기만 하면 돼.

선미는 잠시 침묵하더니 아주 작은 목소리로 "네."라고 대답했다. 이후 상담 시간 동안 선미의 모습은 그 전과 180도 달랐다. 굳이 표정을 포장하지 않아도 되자 자신이 느끼는 그대로의 모습이 드러났다. 우울하고 가라앉아 있었다. 우울해 보이는 게 걱정이 되어 물었다.

　　지금 이렇게 네가 느끼는 대로 표현하니까 어떠니?
　　편안한 것 같아요.

　　선미는 원래 내향적이고, 조용한 걸 좋아하는 아이이다. 혼자 있
는 시간에 만화를 그리거나 음악을 듣는 걸 좋아하고, 그렇게 혼자
있는 시간에 에너지를 충전하고 자신의 생활을 돌보고 차근차근 준
비해야 다음 날에도 자기만의 페이스를 유지할 수 있는 성격인 것
이다. 그런 아이가 긴 시간 사람들 속에서 억지로 웃고 떠들며 상대
의 기분만 맞추며 살아왔으니 이제 정말 '번 아웃'될 일밖에 남지
않았던 것이다. 번 아웃된 선미는 자신의 미래에 대해 부정적이고
뭐든 금방 포기하고 싶어 한다. 뭘 해도 안 될 거라 생각하고 아예
도전하지 않으려 한다. 성적도 중상위권을 유지하지만 더 잘해야
한다는 강박관념에 사로잡혀 있으며, 미술에 소질이 있어 상을 받
은 적도 있지만 그건 그저 교내 상이라 별거 아니라고 비하해 버리
고 있었다.

　　심리 상태가 악순환되기 시작하면 사소한 일에서도 부정적 태도
가 매우 강해진다. 아주 작은 비판이나 비난에도 매우 예민해지며
분노와 적개심을 느끼는 경우도 종종 있었다. 하지만 선미는 그 또
한 표현하지 못했다. 분노의 감정도 억압하고, 자기주장은 하지 못

하고, 또 그런 자신을 자책하면서 우울과 불안이 높아지고, 자신감과 자존감의 저하를 겪게 되는 악순환을 거듭했던 것이다.

선미에게는 자신이 무엇을 할 수 있는지 확인해 주고 친구들에게 억지로 끌려다니지 않을 환경을 만들어 주는 것이 매우 중요했다. 자신에 대해 이해하고 몰입할 수 있는 활동이 필요했다. 다행히 선미는 웹툰 작가가 되고 싶다는 꿈이 있었다. 자신은 잘 못 그리니까 안 될 거라 말하는 선미를 위해 '종합 진로 적성 검사'를 통해 심리 상태와 함께 진로 흥미와 적성을 알아보았다. "신기해요." 검사 결과와 그 해석을 들으며 선미가 한 말이다. 몰랐던 자신에 대해 알게 된 것, 자신이 하고 싶은 것과 자신의 적성이 잘 맞는다는 결과에 매우 기뻐했다. 이렇게 선미는 어두운 굴에서 한걸음 벗어날 수 있었다.

예술 쪽 재능이 있는 선미의 적성과 웹툰 작가가 되고 싶다는 흥미가 잘 맞아떨어져 디지털 드로잉과 포토샵을 배우기 시작했다. 함께 어울리던 친구들에게는 부모님의 도움을 받아 당분간 같이 시간을 보내기 어렵다고 전했다. 혼자 있는 시간이 외로울 것 같았지만 그렇지 않았다. 학교와 학원을 가는 시간 외에는 혼자서 그림 연습도 하고 캐릭터 설정도 하고 스토리 만드는 법을 연습하겠다고 했다. 이렇게 하나씩 준비하고 실천하면서 선미는 이제 억지로 웃지 않게 되었을 뿐 아니라, 진짜 자신의 표정을 찾을 수 있었다. 조용하지만 안정된 표정이었고, 가끔 미소 지을 땐 부드럽고 편안해 보였다. 마지막 상담에서 선미는 또 신기하다고 했다. 쉬는 시간에 자꾸 친구들이 찾아온다는 것이다. 그림을 보여 달라고 하기도 하고, 그림 선물을 받고 싶다며 조르기도 한다고 한다. 친구들을 쫓아 다니며 비위 맞추기에 급급했던 선미가 진정한 자신을 되찾으며 오히려 친구들과 새로운 관계가 만들어지고 있었다.

우리 아이의 성격은?

선미는 이렇게 말했었다. "내가 누구인지 모르겠어요." 자신의 성격에 맞지 않게 상대에게 맞추려는 청소년들이 자신의 발달 과업인 정체성의 형성에 실패하면 누구나 선미 같은 현상을 경험하게 된다. 청소년기는 내가 누구인지 알아가는 시기이다. 나를 알고 나를 이해하고 나를 사랑하고 아끼고 존중할 때 아이들은 성장하기 시작한다. 부모가 바람직하다고 생각하는 대로만 아이를 이끌면 아이는 혼란과 좌절, 불안과 두려움을 경험한다. 그러다 보면 자신에게 주어진 일에서 손을 놓고 잘못된 유혹에 빠지거나 문제 행동을 저지른다.

부모들은 종종 아이의 마음을 잘 몰랐다는 말을 한다. 그런데 성격을 몰랐다는 말은 하지 않는다. 다만 아이의 성격이 부모 마음에 들지 않았을 뿐이고, 부정하고 싶었을 뿐이다. 계획표대로 차분히 앉아 과제를 수행하는 성격이 아니라면 부모는 불안하다. 할 거 다 하고 놀면 무엇을 하고 놀든 괜찮다고 말하지만, 솔직히 할 거 먼저 다 하고 남은 시간에 쉴 수 있는 성격을 가진 사람의 비율은 매우 적다. 누군가의 칭찬을 받아야 힘이 나는 사람이 있고, 혼자 조용히 생각하는 시간을 가져야 다음 날 힘든 일과를 시작할 힘이 생기는 사람도 있다. 계획된 대로 하면 답답하게 느끼는 사람도 있고, 계획대로 하지 않으면 불안한 사람도 있다. 이건 타고난 기질일 수도 있고, 성장하면서 아이에게 체화된 성격일 수도 있다. 성격이란 개인을 특징짓는 지속적이고 일관된 행동 양식을 말한다. 성격을 알면 주어진 상황에서 어떻게 행동할 것인지 미리 예상할 수 있기도 하다. 태어날 때 타고난 면과 자라면서 경험하는 사건 모두 성격 형성에 중요하다. 성격은 자라면서 서서히 형성되어 20대가 되면 거의 완성되고, 그 후로는 크게 변하지 않는다고 알려져 있다. 아마 우리 자신이 살아온 과정을 되짚어 보면 이해가 될 것이다.

중요한 건 아이의 기질과 성격에 맞는 편안하고 효율적인 방법을 찾는 것이다. 많은 사람 앞에서 발표하는 게 너무 힘든 아이에게 스피치 대회에 나가서 그런 성격을 극복하라는 건 고문과도 같다. 한두 사람 앞에서 말을 할 수 있을 정도면 충분하다고 말해 주어야 한다. 여러 사람 앞에서 활달하게 리더의 역할을 해야 살맛 나는 아이에게 너는 성적이 나쁘니 나대지 말라고 제재하는 것 또한 아이의 성격에 반해 아이의 발전 동기를 꺾어 버리는 일이 된다.

청소년들은 자신이 누구인지 알게 되는 심리 검사에 대한 흥미도가 매우 높다. 심리적으로 문제가 있는지 알아보는 검사는 거부하지만, 지금 현재의 능력으로 자신이 무엇을 할 수 있는지, 자신이 어떤 것을 좋아하는지, 어떤 것을 잘할 수 있는지에 관한 심리 검사에는 관심이 많다. 자신이 어떤 사람인지 알고 싶은 것이다. 심각한 행동 문제가 생겨 상담을 받게 하고 싶지만 심하게 거부하는 아이에게 '종합 진로 적성 검사'를 받아 보자고 권하면 선뜻 검사에 임하는 것만 보아도 알 수 있다.

우리 아이는 어떤 아이인가? 내향성인지 외향성인지, 계획적인지 아니면 상황에 따라 유연한 판단을 잘 하는지, 감정형인지 사고형인지 잘 생각해 보자. 다양한 성격 검사가 있다. 조금만 관심을 기울이면 공공 상담 기관이나 다양한 상담 센터에서 얼마든지 아이의 성격과 기질을 알아볼 수 있다.

성격에 맞게 자신의 강점을 잘 발휘해야 부족한 부분을 보완할 힘이 생긴다는 점을 꼭 기억하기 바란다. 부모도 마찬가지이다. 부모도 자기 성격의 강점을 알고 아이를 키워야 한다. 대부분의 청소년 심리 검사에서 부모의 성격 및 인성 검사도 함께 실시하는 이유이다. 그렇다고 부모의 성격을 바꾸기는 쉽지 않다. 다만 아이가 자기 성격에 맞지 않게 살아서 문제가 생긴 상태라면, 특히 그것이 부모의 양육 방식과 맞지 않아 생겨난 문제라면, 잠시 멈추어야 한다. 그래서 부모 상담을 할 때 종종 이런 말을 한다.

지금까지 최선을 다하셨지만, 안타깝게도 부모님의 양육 방식이 아이에게 맞지 않아 이런 문제가 생긴 건 사실일 겁니다. 마음 아프지만, 지금까지 하던 방식을 멈추고 조금 다르게 해야 한다는 의미로 생각해 주세요. 아이의 변화를 바란다면 꼭 다르게 하시기 바랍니다. 그런데 하루 24시간 모두 그렇게 하라는 말씀은 아닙니다. 별 문제가 없을 때, 아이도 충분히 부모의 성격을 받아들일 여유가 있을 땐 하시던 대로 하셔도 됩니다. 다만, 정말 우리 아이에게 도움이 필요하다는 생각이 드는 순간에는 꼭 아이 성격에 맞게, 지금 아이에게 필요한 걸 해 주시면 됩니다. 모든 걸 참고 아이에게 맞추는 게 아니라는 걸 꼭 기억하시기 바랍니다.

정체성을 찾기 위해
고민하고 방황한다

숙제보다 더 중요한

청소년기에는 수학이나 영어 성적 외에, 키나 몸무게 외에, 심리적으로 성취해야 할 발달 과업이 있다. 키도 커야 하고 공부도 열심히 해야 하지만, 마음의 성장이 더 중요하다. 하지만 공부에 목을 매는 현실에서 부모는 이를 자꾸 잊어버린다. 여성가족부에서 발간한 「2019 청소년 통계」에 따르면 2018년 청소년의 스트레스 인지율은 남학생 38.9%, 여학생 51.1%로 여학생이 남학생보다 높고, 학년이 올라갈수록 증가하는 경향을 보였다. 청소년의 우울감 경험률은 좀더 관심 있게 보아야 한다. '최근 12개월 동안 2주 내내 일상생활을 중단할 정도로 슬프거나 절망감을 느낀 적이 있는 사람'을 조사한 우울감 경험률은 중학생은 25.2%, 고등학생은 28.7%이며, 남학생은 21.1%, 여학생은 33.6%로 학년이 올라갈수록, 남학생보다 여학생이 더 높은 것으로 나타났다.

이는 중·고등학교 한 교실 30명 중 약 10~14명은 스트레스가 무척 심하며, 그중에서도 약 8~9명 정도는 2주 내내 일상생활을 중단할 정도로 슬프거나 절망감을 느끼고 있다는 말이다. 혹시라도 우리 아이는 나머지 건강한 아이에 속할 거라 장담한다면 그 또한 조심스럽게 판단해야 한다고 강조하고 싶다. 2주 내내 일상생활을 중단할 정도는 아니라서 억지로 학교와 학원을 오가고는 있지만, 슬픔과 절망을 심각하게 느끼고 있는 아이들을 모두 포함해서 따져본다면 훨씬 더 많은 아이들의 정신 건강이 위험한 상태임을 짐작해 볼 수 있기 때문이다. 무사히 고등학교를 졸업하고 대학에 입학한 한 청년은 자신의 청소년기에 대해 묻자 이렇게 대답했다.

전 그래도 늘 재미있는 걸 찾는 성격이라 하루 중에 웃는 시간이 있긴 있었어요. 친구들이랑 쉬는 시간마다 장난도 치고, 운동장에서 농구도 하고, 때로는 야자(야간자율학습) 땡땡이도 치고, 용돈으로 이 것저것 사 먹으러 돌아다니고, 그러면서 그럭저럭 지낸 것 같아요. 그렇다고 해서 자살을 생각해 보지 않은 건 아니에요. 성적 때문에, 부모님 때문에 스트레스 받고, 내가 앞으로 뭘 할 수 있을지 막막해질 때마다 죽음을 생각했죠. 제 친구들 모두 자살을 한 번쯤 생각해 보지 않은 아이는 없을 거예요.

또 어떤 대학생은 힘든 고등학교 시기를 지나면서 아무에게도 도움을 요청하지 못했다. 엄마한테는 얘기해 봤자 소용이 없다고 판단했고, 아빠와는 중학교 3학년 때부터 말도 하지 않고 지냈다. 하지만 다행히도 이 친구는 자신의 심리적 어려움과 스트레스, 좌절과 공격적 에너지를 공부에 쏟아부어 성적이 올라가기 시작했다. 당연히 부모와 교사는 아이를 칭찬했지만 아이는 그마저도 반갑지 않았다. 자기는 속이 썩어 들어가는데 그건 모른 채 성적이 올라갔다고 좋아하는 부모에게 원망을 키워 가기만 했다. 그는 원하는 대학에 입학한 후에 상담을 받겠다고 스스로 찾아왔다. 부모님께는 자신이 상담받는다는 사실을 알리고 싶지 않다며, 대학생이 되면 상담을 받으려고 고등학교 때부터 용돈을 모아 두었으니 걱정 말라고 했다.

청소년 자녀를 둔 부모를 겁주기 위해 이런 사례를 소개하는 게 아니다. 아무리 잘 지내는 듯 보이는 청소년이라도, 순간순간 좌절과 불안의 순간에 이렇게 힘들어할 수 있다는 걸 이야기하고 싶다. 힘들다고 해서 모든 아이들이 다 문제 현상을 보이는 것도 아니다. 부모나 교사에 대한 신뢰가 있는 아이는 부모님과 선생님에게 의논하고 도움을 요청한다. 그게 불편하면 몸이 아프다는 핑계로 보건실에 가서 보건 선생님과 이런저런 이야기를 나누거나 좀 더 용기를 내어 위클래스를 찾기도 한다. 혹은 부모님께 자신이 상담을 받아야 할 것 같다고 정식으로 요청하는 경우도 있다. 자신의 마음에 문제가 생긴 걸 알고 도움을 요청하는 일 자체가 무척 건강한 생각 구조를 가지고 있는 거라는 생각이 든다.

우리 아이가 성적이 좋다고, 좋은 대학에 들어갔다고 다 잘 지내고 있는 것이 아니다. 마음은 곪을 대로 곪아 터지기 일보 직전인 경우가 많다. 대학만 잘 가면 탄탄대로가 펼쳐질 거라는 어른들의 말을 따랐지만, 정작 대학생이 되면 '대2병'에 힘겨워한다. 대학에 진학했지만 앞으로 내가 무엇을 하고 살아야 되는지에 대한 해답을 얻지 못한 채 또 다시 지금까지와 비슷한 삶을 살아야 한다는 사실을 깨닫게 되면서 심리적으로 무너지는 경우들이 많다. 어떤 부모는 대학생이 된 내 아이가 우울증 약을 먹는다는 사실을 나중에야 알고서 미안함과 죄책감에 괴로워하기도 한다.

청소년기 우리 아이들이 왜 이렇게 힘들까? 아이들에게 요구되는 지나친 학습 부담과 과제들 때문이라고 쉽게 말할 수 있지만 꼭 그것만은 아니다. 공부와 성적, 앞으로의 진로에 대한 교육은 엄청나게 이루어지고 있지만, 공부보다 더 중요한 아이의 심리적인 성장에 대해서는 아무도 관심을 갖지 않고 아이들 스스로 헤쳐 나가라고 팽개쳐 두었기 때문이다.

청소년의 마음이 어떻게 발달해 가는지 알아보자. 각각의 단계에서 아이들에게 어떤 심리적 과제가 주어지는지, 어떻게 하면 성공적으로 각 단계의 심리적 과업을 잘 수행하여 눈부시게 성장할 수 있는지, 혹은 그것에 실패한다면 어떤 일이 벌어지고, 어떻게 대처해야 하는지 살펴보자. 청소년 아이가 스트레스와 우울감을 경험한다는 사실은 공부와 성적, 진로라는 현실적 문제 외에 바로 그러한 심리적 발달에 문제가 있음을 보여주는 징후일 수도 있다는 사실을 기억하자.

청소년이 꼭 성취해야 할 심리 과제

정신분석학자인 에릭 에릭슨은 인간의 전 생애를 발달의 과정으로 본 최초의 이론가이다. 그는 인간의 발달은 생물학적 성숙 과정과 사회적 압력의 상호작용에서 비롯된다고 하면서 문화권에 따라 차이는 있지만 보편적으로 거치게 되는 인생의 8단계인 심리 사회적 발달 이론을 제시하였다. 각각의 단계별로 극복해야 할 심리 사회적 위기와 위기를 극복함으로써 얻게 되는 발달 과업이 있다는 것이다. 발달 과업이란 개인이 환경에 적응하기 위해 요구되는 심리적·사회적 기술이나 능력을 말한다.

한 단계에서 발달 과업을 잘 성취하면 다음 단계의 과업을 원만히 수행할 기초가 마련되지만, 그렇지 못하면 이후의 과업 수행에 곤란을 겪게 된다. 이는 유아와 초등학교 시기의 발달 과업을 잘 성취해야 청소년기에 그것을 기반으로 더 성장하고 발전할 수 있다는 의미이다. 혹시라도 이전 단계에서 심리적·사회적 성숙에 어려움이 있었다면, 현재의 과제 수행에만 초점을 둘 것이 아니라 이전 단계의 발달 과업도 동시에 이뤄낼 수 있도록 도와주는 과정이 필요하다. 지금 당장 해야 할 일이 너무 많은데 언제 그렇게 과거의 상처까지 보듬어 안고 달래 주어야 하는지 답답한 마음이 들 수도 있다. 하지만 심리적 상처와 과제를 해결하지 못한 채 참고 견디며 일상을 보낸다 한들 제대로 집중해서 할 수 있는 일이 별로 없다. 급할수록 돌아가야 한다. 오히려 마음의 과제를 해결하도록 도와주는 것이 지름길이 될 수 있다.

혹시 지금 현재의 아이가 이해되지 않는다면 더더욱 성장 과정에서 무엇이 부족했는지 아는 것이 중요하다. 과거의 육아 방식에서 원인을 찾게 되면 부모는 마음이 아프다. 하지만 과거의 뿌리를 알아야 현재를 도와 미래로 나아갈 수 있음을 기억하며 우리 아이의 발달 과정을 한번 들여다보자. 태어나서부터 유아기와 초등 시기를 거쳐 청소년기와 청년기에 이르는 여섯 단계를 먼저 살펴보자.

에릭 에릭슨의 심리 사회적 발달 이론

제1단계 : 신뢰감 대 불신감 (출생에서 만 1세까지)

영아는 자신의 신체적·심리적 욕구와 필요를 충족시켜 주고 돌

봐 주는 부모를 통해 세상에 대한 기본적인 느낌을 형성한다. 신뢰감은 '날 이렇게 돌봐 주는 걸 보니 세상은 믿을 만한 곳이군. 난 중요하고 괜찮은 사람이야.'라는 자기 자신과 타인, 그리고 세상에 대한 믿음을 말한다. 부모의 따뜻하고 정성스러운 보살핌과 주변 세계의 일관성 있는 지지를 받으면 신뢰감을 형성할 수 있다. 반면 돌봄과 보호가 부적절하면 불신감을 갖게 된다. 에릭슨은 이 시기에 신뢰감을 형성하는 것이 생의 후기에 맺게 되는 모든 사회관계에서의 성공적인 적응과 밀접한 관련이 있다며 매우 중요한 시기라 말한다.

제2단계 : 자율성 대 수치감과 의심 (만 1세부터 만 3세까지)

이 시기의 유아는 "아니야!" "싫어!" "내가!"라는 말을 자주 하며 통제를 거부하고 자율성을 가지려 한다. 따라서 아이에게 스스로 할 수 있는 기회를 많이 제공하는 것이 좋다. 물론 무제한의 자유가 아니라 아이가 하면 할수록 더 잘하게 되는 행동을 시도하도록 도와주어야 한다. 혼자 밥 먹겠다는 아이, 혼자 옷을 입겠다는 아이에게 잘한다고 칭찬하며 아이가 스스로 했다고 느끼도록 도와주는 것이 중요하다. 잘 못한다고 제재하거나 자주 혼을 내면, 아이는 자신의 능력을 의심하고 수치감을 갖게 된다. 결국 과잉보호나 방치 혹은 혼내는 것 모두 아이의 심리적 성장을 방해할 뿐이다.

제3단계 : 주도성 대 죄책감 (만 3세부터 만 5세까지)

주도성이란 아이가 책임감을 갖고 주인이 되어 이끌어 가려는 태도를 말한다. 그래서 뭐든 자기 뜻대로 하려고 하고, "난 이렇게 할 거야!"라는 강력한 의지를 보인다. 새로운 것을 해 보려는 호기심도 무척 많으며 '내 컵, 내 옷, 내 장난감' 등 자신의 소유에 대해 관심을 보인다. 그래서 뭐든지 "내 거야."라고 우기고 떼쓰는 행동이 더 많아지고 말대꾸를 많이 한다. 아이러니하게도 부모를 힘들게 하는 이런 행동들이 바로 우리 아이가 잘 자라고 있다는 증거이다. 부모가 유아의 주도적인 활동을 지지하고 도움을 주면 주도성이 발달하고, 반대로 부모가 유아의 행동을 제한하고 질문을 귀찮아하면 죄의식이 발달하게 된다.

제4단계 : 근면성 대 열등감 (만 6세부터 만 11세까지)

에릭슨은 이 단계를 자아 성장의 결정적인 시기라고 보았다. 이 시기에는 기초적인 인지적 기술과 사회적 기술을 습득하며, 가족의 범주를 벗어나 또래와 더 넓은 사회에서 놀고 일하는 것을 배운다. 이 시기의 아이들은 성취동기가 강하다. 무언가를 배우고 익히기를 좋아한다. 열심히 공부해서 훌륭한 사람이 되고 싶다는 소망도 품게 된다. 이때 아이를 격려하고 칭찬해 주는 것이 중요하다. 남과 비교하는 것은 아이가 열등감을 갖게 한다. 가장 중요한 점은 학교 공부로만 아이의 능력을 판단하지 말아야 한다는 것이다. 공부를 잘

해야만 근면성이 획득되는 것은 아니다. 만일 이 시기에 순조롭게 근면성이 발달하지 못하고, 실수나 실패를 했을 때 아이의 잘못만 지적한다면 아이는 치명적인 열등감을 갖게 된다.

제5단계 : 정체감 대 정체감 혼미 (만 11세부터 만 18세까지)

에릭슨은 모든 시기 중 바로 이 시기를 가장 주목했다. 급격한 생리적 변화로 성적·공격적 충동이 자아를 위협할 만큼 강해지는 격동의 시기이기 때문이다. 이 시기에는 급격한 신체 변화가 일어나는 자신의 모습에 당황하며 거울 앞에서 많은 시간을 보내게 된다. 가장 중요한 과제는 '나는 누구인가.' '사회 속에서 나의 위치는 어디인가.'에 대한 느낌을 확립하고 자신의 능력, 역할 및 책임에 대한 분명한 인식을 갖는 것이다. 게다가 이 시기는 미래를 위한 중요한 선택이 이루어지는 시간이다. 청소년들은 자기 자신의 의문에 대한 해답을 찾으려고 애쓰지만, 그 해답은 쉽사리 얻어지지 않기 때문에 고민하고 방황한다.

이런 고민과 방황이 길어질 때 정체감의 혼미가 온다. 자아정체감을 쉽게 획득하기가 어려우므로 청소년들은 또래 집단이나 존경하는 인물, 혹은 영웅에게서 동일시의 대상을 찾으려 애쓴다. 그리고 자신을 시험해 보기 위해 여러 클럽에 가입해 보기도 하고 다양한 활동에 참여해 보기도 한다.

에릭슨은 이 시기에 긍정적인 자아정체감을 확립하면 이후의 단계에서 부딪치는 심리적 위기를 무난히 넘기며 성장하게 되지만, 그렇지 못하면 다음 단계에서도 방황이 계속되기 때문에 이 시기를 제1단계만큼 중요한 시기라고 강조한다.

제6단계 : 친밀성 대 고립감 (만 18세부터 만 35세 청년기까지)

공식적인 성인 생활의 시작으로 직업을 선택하고 배우자를 찾는다. 이 시기는 타인과의 관계에서 친밀성을 이룩하는 일이 중요 과업이 된다. 에릭슨은 청소년기에 긍정적인 정체감을 확립한 사람만이 진정한 친밀성을 이룰 수 있다고 한다. 성숙한 정체감을 확립하지 못한 사람은 자기 자신에 대하여 자신감을 가지지 못하므로, 타인과의 관계에서 친밀성을 형성하지 못하고 고립되어 자기 자신에게만 몰두하게 된다.

우리 아이는 지금 어떤 단계를 밟고 있는가? 그 전까지의 발달 과업을 무사히 이루어냈는가? 어쩌면 아이가 지금 겪고 있는 문제의 원인은 현재보다는 과거의 성장 과정에 있었을 수 있다. 그러니 오늘 하루 아이가 제 할 일을 제대로 안 했거나 실수를 했다고 그것만 다그치는 건 별 의미가 없을 수 있다. 아이를 괴롭히는 과거의 그림자를 잘 보살펴야 한다. 부모에게 답답하고 화나는 마음이 아니라 아이에 대한 측은지심이 생겨났다면 이제 조금 다르게 하는 건 훨씬 수월해진다. 그러기 위해 부모의 심리 상황은 어떤지 살펴보자.

아이는 정체성, 부모는 생산성

사춘기 아들과 갱년기 엄마가 한판 붙으면 누가 이길까? 청소년 자녀를 둔 엄마들끼리 하는 웃기면서 슬픈 농담이다. 갱년기도 사춘기도 만만치가 않다. 그래서 갱년기와 사춘기의 불꽃 튀는 대결은 항상 모두를 지치게 하고 만다.

에릭슨은 인간 발달의 제7단계는 생산성 대 침체감(35세부터 65세 장년기)의 시기로 청소년 자녀의 부모는 생산성이라는 발달 과업을 성취해야 한다고 말한다. (마지막 8단계인 노년기는 자아 통합 대 절망의 단계이다.) 생산성이란 자녀를 낳아 키우고 다음 세대를 양성하는 것이며, 직업적인 성취나 학문적·예술적 업적을 통해서도 생산성이 발휘된다. 만일 어떠한 이유로 생산성을 제대로 발휘하지 못하면 침체감이 형성된다. 이 경우에 타인에 대한 관심보다는 자신의 욕구에 더 치중하는 경향을 보이며, 타인에 대한 관대함이 결여된다고 한다.

이 시기는 몸의 기능은 낮아지지만, 마음과 정신의 성숙과 발전은 정점을 이루는 시기이다. 어쩌면 몸의 증상 때문에 조금 힘들다고 느낄 수 있지만, 아직 더 성숙하고 발전해야 하는 우리 아이를 도와주기 위해 건강한 생산성을 발휘해야 할 것 같다. 부모가 건강한 생산성을 확립한다는 건 자녀의 성숙을 지혜롭게 돕는 것이다. 아이의 생각 없는 행동에 속상하고 화나지만 마음을 조절해서 지금 우리 아이에게 진정으로 도움되는 것이 무엇인지 판단하고 도와주어야 한다.

청소년기의 자아정체성을 잘 확립하기 위해 필요한 것 중의 하나는 존경하는 인물이다. 청소년들은 그들이 좋아하는 인물, 즉 '중요한 타인들'의 의견을 받아들여 자아의 일부로 삼아 성장해 간다. 부모나 교사는 청소년의 성장과 발달에 중요한 역할을 하는 '의미 있는 타인'들이다. 하지만 모두가 청소년의 '중요하고 의미 있는 타인'이 되지는 못한다. 우리 아이는 누구를 존경하고 어떤 삶을 지향하며 자신의 길을 만들어 가고 있을까? 청소년들은 세종대왕, 이순신, 헬렌 켈러 등 역사적 업적을 이룬 사람과 스티브 잡스, 김연아 등 현실에서 대단한 일을 이루어 낸 사람들을 존경한다고 말한다. 얼핏 보면 그들이 이룬 업적 때문에 존경한다고 하는 것 같지만, 좀 더 구체적으로 물어보면 그들이 어려운 상황에서 좌절하다가도 다시 힘을 내어 연구하고 연습하며 도전하는 행동을 존경한다고 말한다. 청소년이 존경하는 인물에 대한 또 다른 의미 있는 자료도 있다. 한 영어 전문 기업에서 실시한 '영어 영재들이 존경하는 인물'에 2016년에는 부모가 4위를, 2017년에는 1위를 기록했다.

부모님을 존경한다고 말하는 고3 학생들에게 그 이유를 물었다. 엄마를 존경하는 이유는 '가족을 위해 항상 희생하고 헌신하신다.' '나의 고민을 잘 들어 주고 조언해 주신다.' '항상 내 옆에 계신다.' '워킹맘으로서 집과 직장에서 모두 인정받는다.' 등이었다. 아버지

를 존경하는 이유로는 '가장으로서 가정과 회사에서 모두 성실하
시다.' '우리 집안의 경제를 거의 혼자 담당하신다.' '가족을 잘 지
탱해 주신다.' '대화가 잘 통한다.'를 들었다.

 청소년들은 자신의 고민을 잘 들어 주고, 대화가 잘 통하고, 자신
을 믿어 주는 부모를 존경하며, 그 존경심으로 건강하게 열심히 오
늘 하루를 살아간다. 부모가 청소년 자녀에게 어떤 존재감이어야
하는지 명확하다. 아이의 힘든 마음을 이해하고, 자아정체감을 잘
성장시키도록 도와주는 성숙한 어른이 있으면, 아이도 부모도 성숙
하게 각자의 발달 과업을 성취해 갈 수 있다.

 '행복 경제학'의 아버지로 불리는 영국의 리처드 레이어드 교수
는 "성인기 삶의 만족도를 가장 정확하게 예측할 수 있는 변수는 아
동·청소년기의 학업 성취도가 아니라 정서적 건강"이라 강조하였
다. 오늘 하루 우리 아이의 정서적 건강을 잘 돌보았는지 살펴보아
야겠다. 이제 다음 장에서는 우리 아이를 변화하도록 도와주는 부
모의 역할에 대해 자세히 알아보자.

이건 모두
정상이에요

부모가 걱정하는 아이들의 행동

사춘기 청소년 자녀를 둔 부모들에게 속상하고 걱정되는 아이의
문제 행동을 다섯 가지씩 써 보라고 했다. 초등 고학년 부모와 중고
등학생의 부모가 쓴 내용들을 구분해 보았다.

부모가 생각하는 초등 고학년 아이의 문제 행동

감정 상태   말투가 퉁명스럽고 건방지다. 대답을 잘 하지 않는다.
배려하지 않는다. 자기중심적이다. 급하다. 참을성이 없다. "네.

알았어요."라고 대답만 하고 하지 않는다. 큰소리를 내야 말을 듣는다. 동생과 자주 싸운다.

스마트폰과 게임 TV나 스마트폰에 너무 빠져 있다. 동영상을 너무 많이 보려고 한다. 게임만 하려고 한다. 게임 시간 약속을 잘 안 지킨다.

공부 태도 책상에 앉아 공부하지 않는다. 항상 먼저 놀고, 그 다음에 숙제한다고 한다. 숙제할 때 딴짓을 한다. 숙제를 잊고 가져가지 않는다. 집중력이 없다. 스스로 무엇을 해야 하는지 잘 모른다. 자세가 자주 흐트러진다. 학원을 종종 빠지려 한다.

일상 행동 씻고 옷 갈아입는 기본적인 생활을 제대로 안 한다. 정리 정돈을 못 하고 방이 지저분하다. 아침에 잘 못 일어난다. 휴지를 아무 데나 버리고, 책상 정리를 안 한다. 약속 시간을 지키지 않는다. 친한 친구가 없다. 모르는 친구에게 먼저 다가가는 걸 어려워한다.

부모가 생각하는 중·고등 청소년 아이의 문제 행동

감정 상태 소리를 버럭 지른다. 반말을 하며 투덜거린다. 말대꾸하며 신경질을 낸다. 짜증을 잘 낸다. 말을 잘 하지 않는다. 감정 조절을 못 한다. 괜한 일에 고집을 부린다. 화가 나면 문을 쾅 닫고 들어가 문을 잠근다. 방에서 나오지 않는다. 속상하면 엎어져서 운다. 거의 매 순간 화가 나 있다. 빈정거린다. 엄마에게 짜증을 내고 소리를 지른다. 동생에게 시비 걸고 욕하고 때린다.

스마트폰과 게임 TV와 스마트폰에 빠져 있다. 카톡 소리가 나면 이성을 잃는다. 하루에 2시간 이상 웹툰을 본다. 학원을 빠지고 피시방에서 게임을 한다. 스마트폰을 압수당하자 친구에게서 공폰(미등록 스마트폰)을 구해서 몰래 사용한다.

공부 태도 숙제를 안 한다. 공부하기 싫어한다. 무언가를 지속적으로 하는 걸 어려워한다. 시간 개념이 없다. 할 일을 안 하거나 미룬다. 시험 기간인데도 놀러 나간다. 책상에 앉아 딴짓을 한다. 시험 범위도 모른다. 성적이 오르면 돈을 주거나 스마트폰을 바꿔 달라는 조건을 내건다. 포기한 과목이 있다. 아예 공부를 포기했다.

일상 행동 뭐든 느리고 억지로 한다. 늘 구부정하거나 자세가 비뚤어져 있다. 씻기 싫어하고 게으름을 피운다. 손톱을 물어뜯는다. 안 씻고 잔다. 방에 못 들어오게 한다. 밤늦게까지 자지 않고 딴

짓을 한다. 새벽까지 전화 통화를 한다. 방학 땐 낮 12시가 넘어서 일어난다. 밤늦게까지 돌아다닌다. 나쁜 애들과 어울린다.

초등 고학년 때는 서서히 사춘기의 징조가 나타나다가 중학생 이상이 되면서 더 심해지는 것이 눈이 띈다. 이런 현상은 과연 문제일까, 아니면 정상적인 과정일까? 전체적으로 본다면 일상행동은 점점 성실하지 못하고, 가족을 대하는 태도는 까칠하며, 스마트폰만 보며 시간을 보내니 문제가 많은 것으로 느껴진다. 무엇보다 공부에는 관심이 없고 부모와의 대화를 거절하는 태도가 심해지고 있으니 뭔가 크게 잘못되고 있는 것 같다.

하지만 조금 다르게 생각해 보자. 부모인 우리 자신의 청소년기를 한번 떠올려 보자. 사실 요즘 아이들의 감정 상태는 부모의 청소년기와 거의 비슷하다. 공부 태도도 마찬가지이고, 일상의 행동도 부모의 사춘기와 별다를 게 없다. 다만 약 30여 년 전과 달리 지금 아이의 손에는 스마트폰이 있고, 그 안에서 문제적인 행동이 발생할 위험이 더 높아지는 것 같다. 부모가 통제할 수 없는 작은 세상 속에 아이가 빠져들어 있는 것 같지만 모두가 그런 건 절대 아니다. 도덕적 경계를 넘어서는 행동들이 점차 늘어나고 있다면 당연히 걱정하고 대책을 마련해야 한다. 그런데 잘 살펴보면 일부 심한 행동을 제외한 나머지 행동들은 누구나 거치는 청소년기의 특성을 보여주고 있다.

그러니 앞에서 부모들이 지적한 대부분의 행동들은 커 가는 아이들이 대부분 겪는 과정으로 생각하는 것이 더 적절하다. 앞에서 설명한 사춘기 청소년의 심리적 특성에 비추어 생각해 보면 이런 행동들은 지극히 정상적이다. 우리 애만 그런 것이 아니라 남의 애도 다 그렇다. 부모가 아이를 대하는 관점과 태도를 잘 세우고 관계 회복에 집중하면 아이는 이 시기를 잘 넘긴다.

초등 고학년은 공부는 어려워지고 성격적인 문제들이 두드러지게 나타나기 시작하는 때이다. 그래서 아이의 일상 태도에서도 문제가 발생하기 시작한다. 더 이상 부모의 잔소리와 훈계가 먹혀들지 않는다. 중학생은 급격한 신체 변화로 인한 성적인 호기심과 충동으로 불안과 혼란에 휩싸여 순간적으로 일탈 행동을 저지르기도 한다. 고등학생은 성적과 입시 문제로 막막하고 불안해 때로는 우울하고 때로는 폭발한다.

물론 이 대부분의 현상들은 지극히 정상적인 범주의 행동들이지만, 그렇다고 해서 그냥 놓아두라는 말이 아니다. 정상이지만 부모가 돌보고 개입해야 한다. 부모가 청소년 심리를 이해하고 적절히 대응하면 비교적 쉽게 해결이 가능하다. 사춘기 증상이 조금 심한 아이들은 종종 밤을 새워 친구와 카톡을 하고, 주말이면 부모 몰래 밤새 게임을 하기도 한다. 그렇다고 이런 행동들이 모두 더 심해지기만 하는 것은 아니다. 부모는 늘 어느 정도 아이의 생활을 통제하고 있고, 규칙을 제시하며 이 질풍노도의 시간을 무사히 지나가도록 도와주고 있지 않은가. 부모가 우리 아이에 대한 이해를 바탕으로 효과적으로 돌보고 적절히 개입한다면 분명 아이는 부모와 의논하며 자유와 통제의 적절한 균형을 찾을 수 있도록 도움을 요청하게 된다.

제가 게임 계속하고 있으면 그만하라고 말 좀 해 주세요.
친구 만나고 있을 때, 먼저 간다고 말 못하니까 엄마가 두 시간 후에 들어오라고 전화 좀 해 주세요.
문제집 풀면 채점 좀 도와주세요.
내일 여섯 시에 일어나서 예상 문제 한 번 더 봐야 하니까 꼭 깨워 주세요. 일어날 때까지 깨워야 해요!

청소년 자녀가 부모에게 이런 말을 한다는 것은 아이가 성장과 성숙으로 가는 길 위에 서 있다는 징표가 된다. 이런 말을 들을 때 기특하고 대견함으로 마음이 그득해진다. 부디 아이의 입에서 이런 말이 나올 수 있도록 현명하게 도와주어야겠다.

도움을 요청하는 아이들의 신호

초등 고학년 사춘기가 시작될 때 부모의 적절한 도움이 부족해 이런 문제들이 개선되지 않은 아이들은 중고등학생이 되면서 문제 행동의 심각성이 두드러지게 나타나기도 한다. 짜증을 내고 문을 닫고 들어가 나오지 않는 정도까지는 마음에는 들지 않지만 어느 정도 정상 범주로 판단이 된다. 하지만 날마다 밤새워 게임을 하거나 영상을 본다면, 학교에 가지 않는 날이 점점 많아지고 있다면, 부모와의 갈등에서 심한 폭력 행동이 보이기 시작한다면 뭔가 우리 아이에게 심각한 일이 일어나고 있음을 감지해야 한다.

좀 더 문제가 심각해진 아이들은 학교생활에 마음을 붙이지 못하고 소위 노는 아이들과 어울려 폭력 행위의 가해자가 되기도 한다. 더 심한 아이들은 스포츠 토토 같은 도박에 빠져들기도 하고, 채팅 앱을 통해 몸캠 피싱을 당하기도 한다. 청소년기 아이들이 어쩌다 이렇게까지 자신을 돌보지 않고 망가져 가는지 그 원인을 들여다보면 안타깝기 그지없다. 좀 더 이른 시기에, 아이가 힘들다고 온갖 신호를 보낼 때 부모가 제대로 알아차리지 못했거나, 알아차렸더라도 공부라는 현실적인 과제 앞에서 그냥 저러다 말겠지 하는 심정으로 외면했을 수 있다. 아니면 부모와 아이의 관계가 불통이라 아이가 자신에게 닥친 위기를 의논할 수 없었기 때문일 수도 있다. 어떤 이유가 있건 부모라면 아이의 이런 모습 한두 가지만으로도 너무 괴롭다. 하지만 이 순간에도 잊지 말아야 할 것은 바로 아이 자신은 부모보다 훨씬 더 괴로워하고 있다는 사실이다.

아이가 아무렇지도 않은 척, 초연한 척하는 것에 속아 넘어가면 안 된다. 아무것도 할 수가 없기에 아무렇지 않은 척하는 것이고, 해결할 방법이 없기에 차라리 아무래도 상관없는 척하는 것뿐이다. 이런 문제 행동들이 더 심각해지기 전에 부모는 아이의 신호를 알아차리고 적절한 도움을 주어야 한다. 청소년기 아이들의 문제 행동은 문제이면서 동시에 도와 달라는 신호이기도 하다. 어렸을 때 자신의 감정과 마음을 표현하는 법을 배우지 못해 울고 떼쓰는 방법으로 마음을 표현했던 아이들은 커 가면서도 자신의 마음을 제대로 표현하지 못하고 그 마음을 문제 행동을 통해 드러낸다. 그러니 이런 행동을 문제로만 본다면 아이의 진심을 알아차리기 어렵다. 아이의 문제 행동은 해결해야 하는 '문제'이면서 동시에 아이가 보내는 암호 같은 '신호'이다.

"그게 무슨 도와 달라는 신호예요? 도움이 필요하면 도와 달라고 말해야지 왜 문제를 일으켜요? 그건 신호가 아니라 사고 치는 거잖아요. 왜 자꾸 신호라 말하세요?" 아이의 문제 행동을 도움을 요청하는 신호로 보아야 한다고 설명하자 한 엄마가 따지듯이 묻는다.

그런 마음이 들 만도 하다. 하지만 이렇게 생각해 보자. 울며 떼쓰는 어린아이를 혼내기만 한다고 아이가 울음을 그치지는 않는다. 오히려 속상하고 힘든 마음을 알아주고 다독여 주면 떼쓰는 행동은 줄어든다. 어린아이에게 떼쓰기는 신호이자 동시에 문제 행동이었다. 청소년기도 마찬가지이다. 덩치만 컸지 마음은 아직 미성숙한 청소년기 아이들도 문제 행동의 종류와 정도가 달라졌을 뿐 마음을 제대로 표현하지 못하는 것은 비슷하다. 아이의 문제 행동을 구조 신호가 아닌 문제로만 본다면 그 문제는 점점 더 심각해진다.

이제 아이의 구조 신호를 알아보자. 우리 아이가 온 몸과 마음으로 보내는 신호를 잘 알아차리는 것이 청소년기 부모 역할의 중요한 첫걸음이다.

이건 문제가 있다는 신호예요

너무 마음이 아파요

열한 살에서 스무 살까지의 청소년 자녀를 둔 부모 약 20명이 모였다. 8회기의 청소년 부모 교육이 시작되는 날이다. 원래 10대 청소년 부모들을 대상으로 하는 부모 교육의 참여도는 매우 낮다. 부모가 노력한다고 해서 아이의 일상 행동이나 공부 태도가 달라질 거라 기대하기 어렵고, 부모가 뭘 하는 것보다는 아이가 열심히 배워야 하는 시기라 생각하기 때문일 것이다. 그럼에도 불구하고 이런 자리에 모인 부모들은 부모 교육을 받아서라도 아이와의 관계를 개선하고 아이의 변화를 이끌어 내고자 하는 간절함이 있는 부모들이다. 아마도 성숙한 부모 역할에 대한 고민이 깊거나, 아니면 아이의 현재 상황이 무척 어렵기 때문일 것이다.

첫 시간, 돌아가며 자기소개를 한다. 각자의 이름과 자녀들의 나이와 학년, 그리고 어떤 것을 얻고 싶어서 이 교육에 참여했는지 이야기한다. 그런데 한 엄마가 말을 하면 다른 엄마가 벌써 눈물을 훔치고 있다. 아이 학년을 소개하면서 울컥하기도 하고, 무엇을 얻고 싶은지 말하다가는 목이 메어 말이 안 나온다며 다음 사람에게 순서를 넘기기도 한다. 그 모습에 모두가 눈물이 핑 돌고 어떤 사람은 일어나 화장실로 간다. 아이를 위해 모였지만, 상처받은 부모의 마음이 더 아팠다.

잠시 진정하고 마음을 추스른 후 이야기를 이어갔다. 엄마들이 털어놓은 아이들의 상황은 다양하다. 아직 학교는 다니지만 날마다 안 가겠다는 아이, 상담을 받으며 노력은 하고 있지만 큰 변화가 없는 아이, 이미 학교를 그만두고 집에서만 6개월 넘게 하는 일 없이 게임만 하는 아이, 무기력해서 뭘 해도 흥미가 없는 아이, 학교 폭력 피해자 혹은 가해자 경험으로 성격이 달라진 아이, 상처 경험 때문에 세상 사람들이 모두 자기를 놀리고 비하한다는 망상 현상이 생긴 아이까지 모두가 심각한 문제를 안고 참여했다. 어쩌다가 이 아이들은 이렇게까지 심각해졌을까?

청소년 우울의 신호 알아차리기

청소년기 아이들의 심리 상태에 문제가 있다는 신호는 생각보다 다양하다. 그런데 원래 학교 다니고 공부하는 일은 힘들고 짜증나는 것으로 알고 있는 부모는 아이의 신호를 알아차리기가 어렵다. 물론 그럴 수밖에 없다. 청소년 아이들은 부모에게 자신의 문제를 드러내지 않으려고 하고 부모가 자신의 일상에 시시콜콜 간섭하는 것을 매우 싫어하기 때문에, 자칫하면 아이들이 보내는 신호를 놓치기 쉽다. 청소년기 아이를 둔 부모는 아이의 일상을 주의 깊게 관찰해서 문제없이 건강하게 잘 자라고 있는지, 혹은 어떤 어려움을 겪고 있는지 살필 줄 알아야 한다. 물론 요즘은 학교에서도 '학생정서·행동특성검사'를 통해 아이들의 심리 건강을 보살피려 애를 쓴다. 혹시 학교에서 검사한 결과에 약간의 걱정 사항이 있다면 그냥 지나치지 말고 주변의 전문적인 도움을 받기를 권한다. 작은 신호들이 나타날 때 상담과 치료를 진행하면 수월하게 어려움을 극복할 수 있으니 말이다.

심리적 문제가 생긴 청소년 아이들이 드러내는 대표적인 신호가 우울 증상이다. 우울 증상은 우울감과 우울증이 있는데 이 둘을 구분해서 바라볼 필요가 있다. 우울감은 마음이 답답하고 근심스러워 활기가 없는 감정이다. 누구나 느끼는 감정이고 우리에게 필요하기 때문에 느껴지는 것이다. 감정은 항상 우리 자신에게 정보를 알려 준다. 뭔가 안 좋은 일이 생기거나 위험할 수 있으니 조심하라는 신호이다. 우울해지면 어떤 일을 비판적으로 보게 되는 것이 바로 그것이다. 반면 우울증은 자신의 의지와 관계없이 기분이 가라앉아 스스로 조절할 수 없는 병리 현상이고 이것이 우울감과 우울증의 결정적인 차이이다. 또 한 가지는 몸의 증상인데, 우울증의 경우 잠을 못 자고 집중력이 저하되고 폭식을 하거나 식욕이 과도하게 줄기도 한다. 혹시 이런 증상이 지속된다면 병원을 찾아야 한다.

우울감이 심하다고 해서 모두 우울증은 아니다. 하지만 그런 증상이 심해지면 모든 것을 부정적으로 보게 되고 지나친 불안과 두려움을 느낄 수도 있다. 이런 경우는 정상적으로 느끼는 우울감의 범위를 벗어나 우울증의 신호가 된다. 우울증은 성장하는 청소년에게 심각한 영향을 미친다. 공부에 집중할 수 없어 학업 성적이 떨어지고 그런 상황을 절망적으로 느끼며 학교 가기를 거부하게 된다. 쉽게 지치고 기진맥진할 뿐 아니라 다른 것들에 대한 관심도 없어져 모든 일을 그만두게 되기도 한다. 그러니 우울감을 보이는 청소년들이 혼자 힘으로 극복하기만을 기다리는 건 바람직하지 않다. 우울감이 우울증으로 깊어지는 걸 막을 수 있어야 한다. 아이가 좋아하는 취미 활동을 하도록 적극적으로 도와주거나, 혹시 자신감이 떨어져 걱정이 커지고 있다면 현재 아이가 잘하고 있음을 알려 주어 다시 자신감을 회복할 수 있도록 도와주어야 한다.

청소년기의 우울증을 '가면 쓴 우울증'이라 부르기도 한다. 어른들은 기분이 나쁘면 우울하다고 표현할 수 있지만, 안타깝게도 아이들은 그냥 '심심하다.' '재미없다.' '짜증난다.' '아무래도 상관없다.'는 말이나 비행과 반항으로 표현한다. 아이 스스로가 자신의 증상을 알아차리기도 어렵고 "우울하니까 도와주세요."라고 말하기는 더더욱 어렵다. 아직 우리 사회의 분위기는 아동 청소년이 우울증이라 하면 "애가 무슨 우울증이야?" 하고 놀란다. 하지만 청소년들의 우울증은 아이의 심리 상태에 문제가 있다는 신호이기에 이 신호를 놓치지 않는 것이 중요하다.

다음은 컬럼비아대학교 정신과 교수 미르나 와이즈먼이 동료들과 함께 청소년의 우울을 측정하기 위해 개발한 척도이다. 지난 일주일 동안의 우울 상태를 정서적인 측면에 초점을 두고 파악한다. 아이가 스스로 체크해 보고 자신의 우울 정도를 파악해 보도록 했다. 또한 부모가 아이를 관찰한 정도를 체크해 보고, 서로 비교하며 이야기를 나누어 보는 것도 아이의 심리 상태를 이해하는 데 큰 도움이 될 것이다. 혹시 기준보다 높은 점수가 나온다면 가급적 전문적인 도움을 받는 것이 중요하다.

소아청소년 우울 척도

다음 문항을 읽고 지난 일주일 동안 얼마나 자주 이런 느낌을 느꼈는지 해당되

는 칸에 표시하세요.

번호	문항	극히 드물게 (1일 미만)	가끔 (1~2일)	자주 (3~4일)	거의 대부분 (5~7일)
1	평소에는 아무렇지 않던 일이 귀찮게 느껴졌다.	0	1	2	3
2	입맛이 없어서 별로 먹고 싶은 기분이 들지 않았다.	0	1	2	3
3	가족과 친구들이 기분 좋게 해 주려 노력해도 기분이 좋아지지 않았다.	0	1	2	3
4	나도 다른 아이들만큼 괜찮은 사람이라 느꼈다.	3	2	1	0
5	내가 하는 일에 집중하기 어려웠다.	0	1	2	3
6	기분이 가라앉고 우울했다.	0	1	2	3
7	뭔가를 하기엔 너무 피곤했다.	0	1	2	3
8	좋은 일이 생길 것 같았다.	3	2	1	0
9	지금까지 일이 제대로 풀리지 않았다.	0	1	2	3
10	두려움을 느꼈다.	0	1	2	3
11	잠을 제대로 자지 못했다.	0	1	2	3
12	행복했다.	3	2	1	0
13	평소보다 말수가 줄었다.	0	1	2	3
14	친구가 하나도 없는 듯한 외로움을 느꼈다.	0	1	2	3
15	아이들이 잘 대해 주지 않았고, 나와 있기 싫어하는 것 같았다.	0	1	2	3
16	즐거운 시간을 보냈다.	3	2	1	0
17	울고 싶은 기분이 들었다.	0	1	2	3
18	슬픈 기분이 들었다.	0	1	2	3
19	사람들이 나를 좋아하지 않는다고 느꼈다.	0	1	2	3
20	무슨 일을 시작하기가 힘들었다.	0	1	2	3

(CES-DC : Center for Epidemiological Studies-Depression Scale for Children)

채점 방법: 각 문항의 점수를 합산한다.
16점 이상: 경도 이상의 우울 증상
25점 이상: 중등도 이상의 우울 증상

우울증에 걸리기 쉬운 사람의 특징이 있다. 주위 사람들이 본인을 어떻게 생각하고 있는지 늘 신경 쓰거나 누군가에게서 비판적 얘기를 들을 때 바로 반박하지 못하고 속앓이를 하는 사람, 무슨 일이든 완벽하게 해야만 직성이 풀리는 사람, 부탁을 들으면 거절하지 못하는 경향이 있는 사람은 우울증을 앓기 쉽다. 물론 누구에게나 있는 증상일 수 있지만, 그 정도가 지나치면 건강한 마음 상태를 유지하기 어렵다는 말이다. 우리 아이가 혹시 이런 성격적 특징을 지녔다면 평소에 충분히 아이를 인정하고 존중해 주는 부모의 태도가 무척 중요하다. 중고등학생 시기에 이런 심리 상태가 나아지지 않는다면 대학생이 되어서는 문제가 더 극명하게 드러나기 시작한다.

'서울대학교 학생복지 현황 및 발전방안 최종보고서'에 따르면 서울대 평의원회 연구팀이 서울대 재학생들을 대상으로 2018년 6월 18일부터 7월 15일까지 '불안 및 우울 정도'에 대해 설문을 실시한 결과 응답자 1760명 중 818명(46.5%)이 우울증을 갖고 있는 것으로 나타났다.

연구팀은 24개 문항에 걸쳐 서울대 재학생들의 우울증과 정서 불안 정도를 다각도로 진단했다. 그 결과 응답자의 29.4%는 '가벼운 우울증', 15%는 '중간 정도 우울증', 2.1%는 '심한 우울증'에 해당하는 것으로 연구팀은 분류했다. 아울러 '심리 상담을 받고 싶다고 생각한 적이 있다.'고 답한 학생은 절반이 넘는 51.7%로 집계되었다고 한다.

청년들의 정신건강 문제가 서울대에만 국한된 것은 아니다. 대학생들의 우울증 문제는 최근 들어 점차 사회적 논의의 대상이 되고 있다. 올해 상반기 오혜영 이화여대 학생상담센터 특임교수가 발표한 '대학생의 심리적 위기 실태' 조사 결과에 따르면 조사에 참여한 전국 대학생 2600명 중 43.2%가 우울 증상을 경험하고 있는 것으로 나타났고 74.5%가 불안 증상에 대한 위험군 또는 잠재위험군으로 분류됐다. 학업·취업 스트레스 등이 갈수록 심화하면서 한국 대학생들의 심리적 위기가 심각한 수준으로 치닫고 있는 것으로 풀이된다. (『매일경제』 2018.11.30.)

더 심해지기 전에 우리 아이의 마음을 알아차리고 돌보아야 함을 다시 한번 생각하게 된다.

학교 폭력의 신호 알아차리기

청소년기 아이들의 가장 중요한 생활 영역은 학교이다. 아이들에게 학교는 공부와 성적뿐 아니라 다양한 사회관계를 경험하고 청소년기에 가장 중요한 친구들과의 관계를 맺는 곳이기도 하다. 이러한 학교생활에서 문제가 생기면 아이의 삶의 방향이 크게 달라지지만 정작 부모는 아이의 공부와 성적에만 신경 쓰느라 아이가 도움을 요청하는 신호를 놓치기도 한다.

학교 폭력 피해 학생들은 대부분 피해 사실을 부모나 교사에게 알리지 않고 친구에게 의논하거나 혼자서 고민하는 경우가 많다. 따라서 부모의 세심한 관찰과 주의가 매우 중요하다. 조그마한 징후라도 발견하면, 자녀와의 대화를 통해 반드시 사실 여부를 확인해야 한다. 하지만 너무 급작스럽게, 예민하게 파고들거나 캐물으면 아이가 더 움츠러들거나 피해 사실을 숨길 수도 있다. 성급하고 섣부른 방식은 아이를 더 힘들게 하고 일이 오히려 더 꼬일 수도 있다. 그러니 아이에게서 학교 폭력의 징후들을 알아차렸다면, 일단 멈추고 생각하고, 좀 더 전문적인 방법으로 대처해야 한다. 그것이 아이의 안전을 지켜내는 첫걸음이다.

—

피해 학생의 징후

가정에서

- 학교 성적이 급격히 떨어진다.
- 학원이나 학교에 무단결석을 한다.
- 갑자기 학교에 가기 싫어하고 학교를 그만두거나 전학을 가고 싶어 한다.
- 학용품이나 교과서가 자주 없어지거나 망가져 있다.

- 노트나 가방, 책 등에 낙서가 많이 있다.
- 교복이 더럽혀져 있거나 찢겨 있는 경우가 많다.
- 학교에 가거나 집에 올 때 엉뚱한 교통 노선을 이용해 시간이 많이 소요된다.
- 괴롭힘에 의한 다른 아이들의 피해에 대해 자주 말한다.
- 문자를 하거나 메신저를 할 친구가 없다.
- 친구 생일파티에 초대를 받는 일이 드물다.
- 친구의 전화를 받고 갑자기 외출하는 경우가 많다.
- 전화벨이 울리면 불안해하며 전화를 받지 말라고 한다.
- 자신이 아끼는 물건을 자주 친구에게 빌려 주었다고 한다.
- 몸에 상처나 멍 자국이 있다.
- 머리나 배 등이 자주 아프다고 호소한다.
- 집에 돌아오면 피곤한 듯 주저앉거나 누워 있다.
- 작은 일에도 깜짝깜짝 놀라고 신경질적으로 반응한다.
- 몸을 움직이는 일을 하지 않으려 하고 혼자 자기 방에 있기를 좋아한다.
- 학교에서 돌아와 배고프다며 폭식을 한다.
- 내성적이고 소심하며 초조한 기색을 보인다.
- 갑자기 격투기나 태권도 학원에 보내 달라고 한다.
- 부모와 눈을 잘 마주치지 않고 피한다.
- 쉬는 날 밖에 나가지 않고 주로 컴퓨터 게임에 몰두하며 게임을 과도하게 한다.
- 전보다 자주 용돈을 달라고 하며, 때로는 돈을 훔치기도 한다.
- 복수나 살인, 칼이나 총에 대해 관심을 보인다.
- 전보다 화를 자주 내고, 눈물을 자주 보인다.

학교에서

- 지우개나 휴지, 쪽지가 특정 아이를 향한다.
- 특정 아이를 빼고 이를 둘러싼 아이들이 이유를 알 수 없는 웃음을 짓는다.
- 자주 능글 반지고 가려운 듯 몸을 자주 비튼다.
- 교복이 젖어 있거나 찢겨 있어 물어보면 별일 아니라고 대답한다.
- 교복 등에 낙서나 욕설이나 비방이 담긴 쪽지가 붙어 있다.
- 평상시와 달리 수업에 집중하지 못하고 불안해 보인다.
- 교과서가 없거나 필기도구가 없다.
- 자주 준비물을 챙겨 오지 않아 야단을 맞는다.
- 교과서와 노트, 가방에 낙서가 많다.
- 코피나 얼굴에 생채기가 나 있어 물어보면 괜찮다고 한다.
- 종종 무슨 생각에 골몰해 있는지 정신이 팔려 있는 듯이 보인다.
- 자주 점심을 먹지 않는다.
- 점심을 혼자 먹을 때가 많고 빨리 먹는다.
- 친구들과 어울리기보다 교무실이나 교과전담실로 와 선생님과 어울리려 한다.
- 자기 교실에 있기보다 이 반, 저 반, 다른 반을 떠돈다.
- 친구들과 자주 스파링 연습, 격투기 등을 한다.
- 같이 어울리는 친구가 거의 없거나 소수의 학생과 어울린다.
- 교실보다는 교실 밖에서 시간을 보내려 한다.
- 자주 지각을 한다.
- 자신의 집과 방향이 다른 노선의 버스를 탄다.
- 다른 학생보다 빨리 혹은 아주 늦게 학교에서 나간다.
- 학교 성적이 급격히 떨어진다.
- 이전과 달리 수업에 흥미를 보이지 않는다.

- 수련회, 수학여행 및 체육대회 등 학교 행사에 참석하지 않는다.
- 무단결석을 한다.
- 작은 일에도 예민하고 신경질적으로 반응한다.
- 불안하고 어두운 표정을 짓는다.
- 무엇인가 말하고 싶어 하는데 주저한다.

가해 학생의 징후

가정에서

- 부모와 대화가 적고, 반항하거나 화를 잘 낸다.
- 사 주지 않은 고가의 물건을 가지고 다니며, 친구가 빌려준 것이라고 한다.
- 친구 관계를 중요시하며, 밤늦게까지 친구들과 어울리느라 귀가시간이 늦거나 불규칙하다.
- 감추는 게 많아진다.
- 집에서 주는 용돈보다 씀씀이가 크다.
- 다른 학생을 종종 때리거나, 동물을 괴롭히는 모습을 보인다.
- 자신의 문제 행동에 대해서 이유와 핑계가 많고, 과도하게 자존심이 강하다.
- 성미가 급하고, 충동적이며 공격적이다.

학교에서

- 친구들이 자신에 대해 말하는 걸 두려워한다.
- 교사가 질문할 때 다른 학생의 이름을 대면서 그 학생이 대답하게 한다.
- 교사의 권위에 도전하는 행동을 종종 나타낸다.
- 자신의 문제 행동에 대해서 이유와 핑계가 많다.

- 성미가 급하고, 충동적이다.
- 화를 잘 내고, 공격적이다.
- 친구에게 받았다고 하면서 비싼 물건을 가지고 다닌다.
- 자기 자신에 대해 과도하게 자존심이 강하다
- 작은 칼 등 흉기를 소지하고 다닌다.
- 등하교 시 책가방을 들어주는 친구나 후배가 있다.
- 손이나 팔 등에 종종 붕대를 감고 다닌다.

「학교 폭력 사안 처리 가이드북」 중에서

아이가 학교 폭력을 당한 것 같으면 아이와 대화를 통해 사실 여부를 확인해야 한다. 그런데 이때 이런 일이 발생한 것에 화가 나 아이에게 함부로 말하는 경우가 있다.

넌 왜 그렇게 바보같이 당하고만 있니?

별거 아니야. 엄마 아빠도 다 맞으면서 컸어.

너도 싸워. 맞고만 있지 말고 너도 똑같이 하라고!

엄마 아빠가 다 알아서 할 테니 넌 가만히 있어.

시간이 지나면 다 괜찮아질 거야.

친구 같은 건 없어도 되니까 공부만 신경 써.

부모에게서 저런 말을 들은 아이의 마음은 어떨까? 내 아이가 피해를 당한다는 것은 부모로서 매우 속상한 일이다. 하지만 당사자인 아이의 마음은 더욱 힘들고 괴롭다. 그러니 아이가 심리적으로 안정을 찾을 수 있도록 도와주어야 한다. 자녀를 비난하거나 너도 때리라며 공격성을 부추기는 것은 전혀 도움이 되지 않는다. 피해자는 아무 잘못이 없다는 것과 어떤 경우에도 부모는 아이의 편임을 강조하며 지지와 격려를 통해 안정감을 줄 수 있어야 한다.

> 그동안 많이 힘들었겠구나.
> 엄마 아빠는 무조건 네 편이야. 네가 힘들지 않도록 잘 지켜 줄게. 걱정 안 해도 돼.
> 그래도 이렇게 잘 버텨 온 것을 보니 훌륭하구나.
> 피해를 당한 건 부끄러운 일이 아니야. 도움이 필요하다고 말하는 것이 용기 있는 행동이야.
> 이제 우리가 이 일을 어떻게 해결해야 할지 같이 이야기해 보자.

정작 피해를 당하면 누구나 이런 일을 처음 겪는지라 당황하고 어쩔 줄 모르게 된다. 이럴 땐 1388 청소년 긴급전화를 통해 상담하고 대처 방법을 알아보는 것이 좋다. 또는 온라인 상담센터인 위센터(www.wee.go.kr)나 청소년사이버상담센터(www.cyber1388.kr)도 있다. 신고를 해야 하는 상황이라면 학교폭력 상담 및 신고 센터인 117번으로 전화하면 된다. 24시간 신고 접수 및 상담 등의 서비스를 제공한다. 전화상으로는 국번 없이 117로, 문자 신고는 #0117로 하면 된다.

학교 폭력이라고 하면 흔히 자신의 아이가 피해자가 되는 경우를 주로 생각하지만, 실제로는 가해자 비율이 더 높다. 왕따 사건의 경우 한 명의 피해자에 여러 명의 가해자와 방관자가 있는 경우가 많기 때문이다. 피해자는 하소연이라도 할 수 있지만, 가해자는 쉬쉬하며 문제를 숨기기에 급급하다. 부모에게 알려지면 야단맞을 것이라는 생각 때문에, 자신의 가해 사실을 숨기는 것은 어찌 보면 자연스럽다. 위에서 설명한 가해 학생의 징후가 보이는지 평소에 잘 관찰하는 것이 필요하다.

청소년의 가해 행동이 사회 문제가 되었을 때 가장 우려하는 부분은 가해 아이가 잘못을 반성할 줄 모른다는 점이다. 「2018 1차 학교 폭력 실태 조사」에 따르면 가해 이유에 대해 초등학생은 '먼저 괴롭혀서' '장난으로'라고 답한 학생이 가장 많았다. 중학생은 '장난으로'가 가장 많았고, 다음으로 '마음에 안 들어서' '먼저 괴롭혀서' 순이었다. 고등학생은 '마음에 안 들어서' '장난으로'가 가장 많고, 그다음으로 '먼저 괴롭혀서' '특별한 이유 없이' '다른 친구가 하니까' '화풀이 또는 스트레스 때문'이라고 응답했다. 아이들이 커 가면서 가해 행동이 '이유 없는 폭력'으로 변해 가는 것을 알 수 있다.

그렇다고 자신의 행위에 문제가 있다는 걸 모르지 않는다. 다만 그런 도덕적·이성적 판단을 할 수 있을 만한 심리 상태가 아니라는 의미이다. 지금까지 살면서 쌓여 온 스트레스, 원망, 분노가 자신도 모르게 터져 나온다. 자기보다 약한 존재를 대상으로 괴롭히며 자신의 괴로움에서 벗어나려는 의미로 이해하는 것이 더 적절하다.

혹시라도 우리 아이가 가해 행동을 했다면, 학교 폭력을 저지른 아이가 솔직하게 자기 잘못을 시인하도록 도와주는 것이 어른의 역할이다. 아이의 마음을 어루만져 주고, 벌 받는 과정을 겸허히 받아들이도록 도와줘야 한다. 이때 아이 혼자가 아니라 부모가 그 과정을 함께할 것임을 아이에게 말해 주어야 한다. 그래야만 아이는 진정으로 잘못을 깨닫고 반성할 수 있게 된다.

"너도 많이 힘들었지. 네가 어떤 마음으로 사는지 미처 헤아리지 못해서 미안하구나.""혹시 억울한 건 없니? 그럴 수밖에 없었던 이유가 있을 것 같아.""잘못한 만큼 처벌이 따를 거야. 하지만 그 과정을 엄마 아빠가 함께할게." 부모의 이런 말들은, 부모에 대한 아이의 반항심을 잠재우고 부모를 자신의 아군으로 여겨 그 힘으로 이 상황을 이겨 나가도록 도와준다.

그런데 이때 가해 학생 부모의 잘못된 대처가 상황을 더 어렵게 만드는 경우가 종종 있다. 부모가 아이의 잘못을 과소평가하거나 축소하려는 것이다. 잘못된 생각이다. 혹시라도 우리 아이가 과한 벌을 받을까 사건을 축소하려 한다면 오히려 우리 아이는 평생에 걸쳐 나쁜 가치관을 갖게 될 위험이 있다. 그러니 우리 아이가 혹시라도 가해 행동을 하는 것을 알게 되었다면 무엇보다 진실한 자세로 사과와 반성을 할 수 있도록, 처벌의 과정을 달게 받아들이도록 도와주어야 한다.

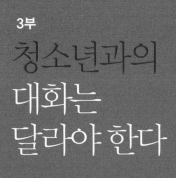

3부

청소년과의
대화는
달라야 한다

우리 아이의
고민 상담자

부모, 우리 아이의 고민 상담자가 되고 있을까?

내 아이의 고민 상담자는 누구일까? 사춘기 청소년들은 자신에게 심각한 문제가 생겼을 때 누구에게 도움을 청할 수 있다고 생각할까? 어른들은 당연히 부모나 교사에게 의논해야 한다고 생각하겠지만, 현실의 아이들은 그렇지 못하다. 통계청이 조사한 「2018년 사회조사보고서」에 따르면 13세 이상 청소년들의 고민 상담 대상은 친구나 동료가 49.1%로 가장 많았고 부모는 전체의 28.0%로 나타났다. 부모 중에서도 아버지를 선택한 아이들은 남학생은 6.3%, 여학생은 1.9%에 불과했다. 아이들이 고민이 있고 어려움을 느낄 때, 정작 부모에게 고민을 털어놓는 비율은 이 정도밖에 되지 않는 것이 현실이다. 심지어 교사에게 털어놓는 비율은 1.5%밖에 되지 않으며, 안타깝게도 아이 스스로 해결하는 비율이 13.8%나 된다. 왕따와 심리적 폭력을 겪던 아이가 부모나 교사에게 도움을 요청했음에도 불구하고 적절한 도움을 받지 못한 채 결국 죽음을 선택하는 안타까운 사례들이 속출하는 걸 보면, 아이들이 왜 자신의 고민을 어른들에게 말해 봤자 소용없다는 생각을 하게 되는지 알 것 같아 더욱 마음이 아프다.

게다가 전문 상담가에게 도움을 청하는 일은 더더욱 멀기만 하다. 대부분의 중고등학교에는 위클래스가 있지만, 그곳이 어떤 곳인지 알지 못하는 아이들도 많고, 안다고 해도 문제가 심각한 아이들이 가는 곳으로 인식해 편하게 도움을 요청하지 못하는 경우도 많다. "입학할 때 설명은 들었지만 뭐 하는 곳인지 몰랐어요." "상담실 간다는 소문이 나면 이상한 애라고 애들한테 찍혀요." 이렇게 생각하는 아이들에게 무조건 어른들에게 왜 의논하지 않았느냐고 말하는 건 의미가 없다. 어려움이 생겼을 때 부모와 교사 심지어 상담가에게조차 도움을 청하지 못하는 이유가 어떤 것인지부터 알고 이야기를 나누어야 한다.

그렇다면 누가 먼저 이런 분위기를 바꿀 수 있을까? 당연히 부모와 교사, 즉 어른들이다. 사춘기 청소년들이 친구의 영향을 많이 받기는 하지만, 아직 미숙한 또래끼리 중요한 판단을 내리고 행동하는 것은 위험 요소가 많다. 물론 부모와 교사가 손 놓고 있었던 것

은 아니다. 크게는 정책과 시스템을 만들려고 애쓰고, 개인적으로
는 어려운 일 있으면 언제든 찾아오라고 아이들에게 말하고 있다.
때로는 아이의 아픔을 알아차리고 먼저 다가가지만 오히려 아이의
반항적이고 매몰찬 태도에 상처받아 좌절하기도 한다. 어떤 부모는
아이에게 할 수 있는 건 다 했다며 이제 포기하겠다는 말을 하기도
한다. 얼마나 가슴이 아프고 힘이 들면 그런 말을 할 수밖에 없을까.
하지만 이런 말은 절대 진심이 아니다. 부모의 깊은 마음은 그렇지
가 않다. 너무 아프고 지쳐서 잠시 멈추고 싶은 것뿐이다.

아이 또한 어른들의 도움을 무조건 싫어하고 거부하는 것은 아니
다. 아이는 자신이 받아들일 수 있는 방법으로 어른들이 자신을 도
와주기를 진심으로 바란다. 비난하고 다그치는 게 아니라 따뜻하고
힘 있게 끌어 주기를 바란다. 어릴 적 자전거를 처음 가르칠 때처럼,
뒤에서 안전하게 붙잡고 밀어 주다가 스스로 페달을 밟고 앞으로
달려갈 때는 손을 놓아 자신의 세상으로 나아갈 수 있게 도와 달라
는 의미이다. 그런 방법이라면 아이들은 마음의 문을 열고 기꺼이
부모의 도움을 받아들일 수 있다.

청소년 부모는 어떤 역할을 해야 하나?

어린 아기에게 필요한 부모의 역할은 '보호자'이다. 유아기에는

좋은 '양육자'와 '훈육자'가 되어야 하고, 초등학교 학령기에는 아이의 성장과 발달을 '격려하고 지지하는 역할'을 해야 한다. 그 과정을 잘 거치고 나면 부모는 아이가 하는 일을 지지하고 격려함과 동시에 아이가 겪는 어려움을 상담해 줄 수 있는 '상담자 역할'을 할 수 있어야 한다. 아이가 청소년기를 잘 거쳐 드디어 성인이 되면 부모는 아이와 함께 인생을 살아가는 든든한 '동반자 역할'을 하게 된다.

아이가 어릴 때 보호자와 양육자 역할은 크게 어렵지는 않았다. 먹이고 입히고 씻기고 재우는 일이 육체적으로 힘들지만 하루가 다르게 쑥쑥 자라는 아기를 보는 기쁨이 있었고 '부모가 되는 건 이런 거구나!' 느껴 보기도 했다. 가르치고 훈육하는 일도 그럭저럭 잘해 올 수 있었다. 슬슬 말을 안 들어 화가 날 때도 많았지만 그래도 또박또박 말하며 하나씩 배우고 알아 가는 모습이 너무 사랑스러웠다.

하지만 학령기에 접어들면서 많이 달라지기 시작한다. 지지하고 격려하는 역할이 생각보다 쉽지 않다. 아이가 해야 할 과제는 점점 많아지고, 부모, 특히 엄마는 아이가 자신의 과제를 얼마나 잘 수행하는가에 따라 엄마 역할에 대한 평가를 받는다고 느낀다. 이제 부모 역할이 평생 짊어지고 가야 할 어렵고 무거운 짐으로 느껴지는 것이다. 물론 학령기의 아이들을 지지하고 격려하며 잘 자라도록 도와주는 부모도 무척 많다. 남들과 비교하지 않고, 오늘 하루 우리 아이가 즐거운 시간을 보내도록 배려하고, 작은 일에도 뿌듯한 성취감을 느끼게 도와주는 바람직한 부모 역할을 해내는 부모가 많다. 이런 부모의 공통된 특징이 있다. 이들은 아이와 자신을 분리할 줄 알며, 불안과 욕심나는 마음을 잘 조절할 줄 안다. 이런 역할이 아주 쉽지는 않지만, 아이와 자신에 대해 잘 알고 이해한다면 조금씩 자연스럽게 잘할 수 있게 된다. 아이가 독립심이 있고 자존감이 높은 아이로 자라기를 바란다면 꼭 필요한 부모 역할이기도 하다.

그런데 지금까지 잘해 온 부모에게도 청소년기의 상담자 역할은 한층 더 높은 수준을 요구한다. 청소년기는 그만큼 섬세하고 복잡한 시기이고 아이를 대하는 부모의 모습은 더더욱 세심하면서도 때로는 대범하기도 해야 한다. 지금까지의 각 단계에서 좋은 부모 역할에 어려움을 겪었다면, 청소년기에 필요한 상담자 역할을 하는 건 더 어려울 수 있다. 부모 자신이 전혀 준비가 되지 않았기 때문이다. 아이에게 가르치는 방법을 잘 알지도 못하고, 크고 작은 어려움을 겪는 아이를 위로하고 격려할 줄도 모르는데 어떻게 더 복잡한 심리적 문제로 의논을 청하는 아이에게 현명한 상담자가 되어 줄 수 있겠는가? 그리고 부모가 정말 좋은 상담자 역할을 하고 싶은 의욕이 넘쳐도 아이들이 받아들여 주지 않는다면 그 또한 불가능하다. 사춘기가 된 아이가 부모에게 전혀 말을 하지 않아 답답하다고 하소연하는 부모님들에게는, 죄송하지만 유머를 섞어 이렇게 말씀드린다.

아이에게 아마 해고되셨을 거예요. 그런데 그걸 모르고 계속 들이 대는 건 아닐까요?

아마 초등학교 어느 시점부터 아이는 엄마에게 이렇게 말했을 것이다. "몰라요." "그냥요." "싫어요." "엄만 몰라도 돼요." 이 말이 바로 더 이상 엄마에게는 의논하지 않을 거라는 통보라는 걸, 당시에는 알아차리지 못한 것이다. 만약 우리 아이가 이렇게 말하고 있다면 지금까지 해 왔던 방식으로는 더 이상 아이와 대화가 불가능하다는 것을 알아야 한다. 아이들의 마음은 그리 만만하지가 않다. 이미 십수 년을 지속해 온 부모의 양육 방식에 아이는 지쳐 있으며, 더이상 희망이 없다고 여겨 좌절했을 수 있다. 말해 봤자 소용없다고, 결국은 엄마 아빠 마음대로 할 거라 생각하고 있는 아이에게 고민을 얘기해 보라고 하는 건 아이에게 고문처럼 느껴질 수 있다. 어쩌면 아이는 엄마나 아빠가 아주 기분 좋게 이름을 부르는 목소리조차 듣기 싫어하는 상태일 수도 있다.

이런 아이의 마음의 문을 열고 의미 있는 대화를 나눌 수 있을까? 물론 있다. 하지만 쉽지 않다. 사춘기 아이에게 말을 건다는 건, 부모의 진실하고 솔직한 마음을 보여 주는 일이다. 어르거나 달래거나 포장하는 것은 잘 통하지 않는다. 아이들은 진심이 아닌 것을 가장 싫어한다. 아이와 대화할 때는 어른스럽게 감정을 조절하며 승낙과 거절의 이유를 진심으로 말할 수 있어야 한다. 그건 어쩌면 아이 앞에서 부모의 나약하고 보잘것없는 모습을 드러내는 것일 수도 있다. 그래서 말을 거는 것은 마음을 거는 것이고, 그건 상대도 나에게 마음을 열고 말을 걸어 달라는 뜻이기도 하다. 그러니 진심이 아닌 것은 소용이 없다. 부디 지금부터 이야기하는 대화의 방법들 중에서 우리 아이에게 부모의 마음이 전해지는 효과적인 방법을 단한 가지라도 찾아내기 바란다.

아이와
의미 있는 대화를 나누려면

대화가 가능한 때를 찾아라

사춘기 아이와 언제 대화가 가능할까? 우선 아이에게 말 걸기가 무섭게 느껴지는 상황이라면 어떻게 말을 걸어야 아이가 편안하게 대답하는지 한번 살펴보자. "밥 먹어."라는 말 한마디에 벌써 짜증을 내는 아이도 많다. 부모가 아이에게 하는 대화의 가장 기본인 밥 먹으라는 말에도 짜증을 내는데 "숙제 했니? 학원 시간 늦었어."라는 말에는 어떨까?

이상한 건 아이가 엄마 아빠의 말에 짜증을 내고 있는데 계속 아이에게 말을 걸고 있는 부모들이다. 상대가 화를 낼 땐 잠시 화가 가라앉기를 기다렸다가 이성적으로 대화를 나누어야 한다는 걸 모르지 않을 것이다. 사회적 상황이라면 대부분의 부모들은 성숙하게 대화를 이끌어 갈 줄 안다. 하지만 이상하게도 같은 사람인데 부모의 역할이 되면 전혀 다른 현상이 나타난다. 아이가 지금 말하고 싶지 않다고 아무리 거부해도, 쫓아다니며 말을 걸고는 대답하라고 다그친다. 만약 사회에서 누군가 나에게 이런 행동을 한다면 분명히 스토커로 치부하거나 정상적이지 않으니 앞으로 같이 어울리지 말아야겠다고 생각할 것이다. 그런데 부모는 그렇게 이상한 상호작용과 대화를 아이에게 계속 시도하고 있는 것이다.

아이와 의미 있는 대화를 나누고 싶다면 우선 지금이 대화가 가능한 때인지 알아차려야 한다. 학교에 다녀와서 피곤한 몸으로 축 처져서 방으로 들어가는 아이 뒤를 쫓아가서 오늘 공부 열심히 했는지, 학원 숙제는 미리 다 했는지 물어보지 말아야 한다. 시험 본 날 집에 돌아와 짜증 내며 방문을 잠근 아이에게 문 열라고 두드리는 건 정말 아이를 괴롭히는 일이다. 지금은 대화할 때가 아니다.

그렇다면 언제 대화가 가능할까? 앞으로 우리 아이와 대화다운 대화를 나누고 싶다면, 먼저 언제 아이와 기분 좋은 대화가 가능했는지 목록을 만들어 보자. 성공적인 대화가 가능했던 때를 물었더니 많은 부모가 이렇게 대답한다.

- 아이가 좋아하는 음식을 해 주었을 때
- 웃긴 상황이 벌어졌을 때

- "힘들지. 피곤하지."라며 아기 대하듯 다독여 주었을 때
- 성적이 올랐을 때
- 선물을 주었을 때
- 게임 실컷 하라고 하루 동안 자유를 주었을 때
- 용돈을 주었을 때
- 친구 초대를 허락해 주었을 때
- 부모가 잘못을 솔직하게 인정했을 때
- 피곤해 보이니 학원 하루 쉬라고 했을 때

이런 상황에서 아이와의 대화가 잘 이루어진다는 걸 아는 것은 중요하다. 다음에 아이에게 걱정되는 일이 생겼을 때, 혹은 아이에게 당부하거나 부탁하고 싶은 일이 있을 때 언제 어떻게 대화를 나눌지 계획을 세울 수 있기 때문이다. 그런데 여전히 이상한 건, 이런 걸 알고도 부모가 먼저 충동적으로 아무 때나 아이에게 말을 걸고 대답을 요구하는 경우가 많다는 것이다. 대화가 가능하지 않을 때 계속 말을 걸고 오히려 아이에게 상처받았다며 아파하거나 화를 내는 부모님들께는 죄송하지만 명확히 말씀드린다.

지금은 아이와 대화할 때가 아닙니다. 지금은 부모 스스로 자신과 대화하거나, 아니면 왜 이렇게 화가 나고 참을 수가 없는지 자신의 멘토나 상담가와 먼저 대화를 나누셔야 합니다. 그렇지 않고 화난

상태에서 아이와 계속 대화하려 하면 그건 결국 아이를 괴롭히고 문제를 더 악화시킬 뿐입니다.

너무 냉정하다고 생각하지 말기 바란다. 내가 내 마음을 추스르지도 못하면서 아이에게 변화를 요구하는 대화를 하자고 강요하는 건 앞뒤가 맞지 않을 뿐 아니라 아이의 반항심만 더 자극한다. 청소년기 부모는 상담자 역할을 해야 한다고 했다. 상담자의 가장 기본적인 태도는 '공감, 수용, 진심'이다. 혹시 상담자가 개인적인 문제로 마음이 불편하다 해도 자신의 마음을 먼저 가다듬고 난 다음 내담자의 마음을 헤아려 보는 것이다. 지금 아이 마음이 어떨지, 혹시 가라앉은 나의 표정과 몸짓을 보고 아이가 자기 때문이라고 오해하지는 않을지, 지금 아이와 관계없이 울적한 나의 마음을 아이에게 솔직히 말하는 게 나을지 아닐지를 생각하고 또 생각해야 한다. 전문 상담자만큼은 아니더라도, 부모라면 최소한 지금 우리 아이와 대화를 나누기에 적합한 타이밍인지 한 번만이라도 고민해 보는 것은 꼭 필요하다.

부모라면 원래 아이를 위해서 못할 일이 없다. 아이를 위해, 아이와 부모의 관계를 위해, 잠시 부모의 마음을 내려놓고 대화하기 좋은 타이밍을 기다리자는 것이다. 조금만 다르게 생각하면 그리 어렵지 않다. 아이가 편안할 때를 맞춰 즐거운 대화를 나눈 경험이 한번 두 번 쌓이다 보면 아이도 부모와 대화하는 것을 즐기기 시작한다. 그런 멋진 변화를 위해 작은 한 걸음을 내디뎌 보자.

"밥 먹어." "밥 먹자." "밥 차려 놓았어."의 차이

사춘기 아이와 대화할 때, 똑같은 의미인데도 '아' 다르고 '어' 다르기에 아이에겐 전혀 다른 의미로 전달되는 그 작은 차이를 아는 것이 중요하다. 그래야 언제 어떻게 청소년 자녀와 대화해야 할지 감을 잡을 수 있다.

사춘기 아이에게 밥을 먹으라고 할 때, 어떻게 말을 해야 할까? "밥 먹어." "밥 먹자." "밥 차려 놓았어."의 차이가 느껴지는가? 만약 세 문장 중 어떤 식으로 말해도 아이가 방에서 나와 별 투정 없이 밥을 먹는다면, 혹은 "반찬 뭐예요?"라는 반응을 보이는 정도라면 아무 문제가 없다. 이 말들의 차이까지 알지 않아도 좋을 것 같다. 하지만 엄마는 그냥 밥 먹으라고 했을 뿐인데 아이는 "알았다고! 좀 내버려 두라고!" "안 먹는다고!"라며 소리치고 방에서 나오지도 않는다면, 아이는 엄마와의 대화를 거부하는 것이거나 아니면 전혀 다른 대화를 기다리고 있다는 의미이다. 물론 엄마는 무척 화가 난다. 밥 차리는 게 어디 보통 일인가? 발바닥에 불이 나도록 동동거리며 정성껏 차려 주었는데 아이가 이런 반응을 보이면 화가 나는 게 당연하다. 하지만 아이의 심리가 까칠한 상태라 누가 뭐라 말만 걸어도 터질 것 같으면 밥 먹으라는 소리가 반가울 리 없다. 아이가 이렇게 반응한다면 "내 마음이 지금 너무 힘들어요."라는 신호로 이해하는 것이 맞다. 공연히 아이의 태도에 화내지 말고 조금 다르게 말하는 것이 좋다. 우선 이 세 가지 말이 각각 아이에게 어떤 의미를 전달하는지 살펴보자.

밥 먹어. 명령어이다. 아무리 부드럽고 친절하게 말해도 지시하고 명령하는 말이다. 그동안 엄마의 지시와 명령에 많이 지친 아이라면 이런 말을 들으면 짜증 나고 화가 날 뿐이다. 아이가 지시어나 명령어에 민감하다는 것을 알아차려야 한다.

밥 먹자. 함께 먹자는 의미이다. 의도는 좋지만 현재 부모와 아이가 함께 밥상에 앉아 기분 좋게 밥을 먹을 수 있는 관계인지 점검해 보아야 한다. 아이가 부모와 같이 밥 먹는 것조차 싫은 상태라면 이 말은 아이의 짜증만 유발할 뿐이다. "나중에요." "안 먹어요."라는 말이 되돌아오는 건 어찌 보면 당연하다.

밥 차려 놓았어. 아이에게 선택과 자유를 허락하는 의미이다. 차려 놓았으니 네가 알아서 자유롭게 먹으라는 뜻이다. 아이에게 선택의 여지를 주어서 그런지 이렇게 말하면 아이의 까칠한 반응이 다소 줄어드는 걸 발견할 수 있다. 혹시 아이와 냉전 중이라 말도 하지 않는 상태라고 해도, 식탁 위에 아이가 좋아하는 먹을거리를 준비해 두고 이렇게 말한 다음 자리를 비켜 줄 줄 안다면 서서히 다시 대화를 시작할 수 있게 될 것이다.

대화를 위한 아이와 부모의 마음 상태

사실 대화에서 가장 중요한 건 두 사람의 마음 상태이다. 엄마와 아이 혹은 아빠와 아이, 이 두 사람의 마음 상태가 현재 어떠냐에 따라 대화도 하기 전에 이미 대화의 성패가 갈린다고 봐도 과언이 아니다. 두 사람의 마음이니 상황은 네 가지일 것이다. ① 아이 마음이 불편할 때, ② 부모 마음이 불편할 때, ③ 두 사람 모두 불편할 때, 그리고 ④ 두 사람 다 안정되었을 때이다.

이 중 언제 아이와 대화해도 좋을까? 당연히 정답은 두 사람의 마음이 모두 안정되었을 때이다. 이때는 함께 웃고 서로의 이야기를 들어 주고 들려줄 수 있다. 함께 공감하고, 맞장구치고, 새로운 정보를 주고받기도 한다. 물론 가벼운 충고나 조언도 기분 좋게 수용할 수 있다. 이때 중요한 건 두 사람 모두 안정되고 편안한 마음이 계속 유지되도록 대화를 진행해야 한다는 점이다.

청소년기 자녀와의 대화에서 중요한 한 가지 특징은 충고와 조언이 부모만의 몫이 아니라는 점이다. 이제 꽤 많이 자란 아이는 어느

새 부모를 평가하기도 하고, 부모가 달라지기를 바라는 것도 많아진다. 다른 부모들처럼 좀 더 세련된 태도와 옷차림을 하거나, 자기관리를 잘해서 좀 더 멋진 인생을 살기를 바란다. 그러니 부모만 일방적으로 충고와 설교를 하는 존재라 생각하고 대화를 이어 가면 어느새 아이는 마음이 불편해진다. 두 사람 모두 안정된 상태에서 즐거운 대화를 나누고 서로에 대한 충고와 조언을 잘 받아주는 성숙한 대화가 이루어지기 바란다.

그런데 아이는 상태가 괜찮은데 부모의 마음이 불편하고 불안할 때가 있다. 다른 집 아이들이 너무 열심히 잘하고 있다는 이야기를 듣거나, 우리 아이에 관한 안 좋은 소식을 들으면 부모는 마음이 불편해진다. 혹은 다른 집안일로 걱정이 많을 수도 있다. 계속 강조하지만, 부모 마음이 불편할 때 대화를 시도하는 건 아이에게 화풀이를 하는 것밖에 되지 않는다는 걸 기억해야 한다.

반대로 부모는 안정되어 있어 아이와 대화를 하고 싶지만 아이의 마음이 불편해 보인다면 부디 무작정 대화를 시도하지 않기를 바란다. 그 대신 아이 마음이 편안해질 때를 기다리거나, 아이 기분이 풀릴 만한 무언가를 제공할 수 있어야 한다. 아마 기다리는 게 더 쉬울 수 있다. 하루 정도는 기다려 주기만 해도 아이가 다음 날 조금은 안정된 모습을 보인다. 기다리지 못한 채 대화를 시도해 봤자 관계만 더 나빠질 뿐이다.

그렇다면 두 사람 모두 무언가로 인해 마음이 불편한 상황은 어떨까? 이런 상태에서 대화를 하려는 건 싸우자는 이야기밖에 되지 않는다. 모두에게 필요한 건 위로와 공감, 휴식과 치유이다. 부모와 아이 두 사람 모두 마음이 불편할 때 그래도 뭔가를 해야 하는 사람은 부모이다. 나중에 이야기하자고 하거나, 편안한 음악을 틀어 놓고 서로 아무 말 없이 시간을 보내는 것도 좋다. 만약 그동안 아이와의 관계가 좋았다면 이럴 때 아이가 먼저 부모를 도와주기도 한다. "엄마, 힘들지? 나도." 이렇게 말하며 서로 포옹을 하고 기대어 있다 보면 신기하게도 마음이 가라앉고 편안해진다. 혹시 아직 아이와 이런 경험이 없다면 언젠가 우리 아이도 나와 동반자가 될 수 있다는 사실을 떠올려 보자. 지금 부모인 내가 조금만 먼저 아이를 다독여 주고 기다려 주면, 우리 아이는 그런 태도를 부모에게서 배운다.

두 사람 모두 불편할 땐 마음을 비우는 것이 낫다. 지금 당장 어떤 결론을 내리는 욕심을 버리고 아무 말 없이 어깨만 다독여 주는 것도 좋다. 부담스럽지 않은 맛있는 음식을 시켜 먹거나, 좋은 음악을 듣거나 영화를 보는 것도 좋다. 그렇게 시간을 보내고 다시 마음이 안정된 후에, 다시 대화를 시작하는 게 먼 길을 돌아가는 것 같아도 가장 빠른 지름길이다.

청소년 자녀와 대화하는 순서

아이와 대화를 할 수 있는 적절한 상황이 되었다면 이제 아이에게 조심스레 말을 걸어 보자. 이때 청소년 아이와 대화를 할 때도 순서가 있다는 것을 알아야 한다.

사실 우리는 대화의 순서를 이미 다 알고 있다. 누군가를 만나 의논할 일이 있다면 미리 약속을 정해서 만난다. 그동안의 안부를 묻고, 어색한 사이라면 서먹함과 긴장을 풀기 위해 날씨 이야기나 덕담을 나누기도 한다. 목을 축일 음료나 간단한 다과도 분위기를 편안하게 만든다. 그런 다음 주제에 관한 대화를 시작한다. 혹시 의견 차가 심해 불꽃 같은 대립이 있어도 성숙한 사람들이라면 적정 수준을 유지할 줄 알고, 누군가 먼저 자리를 박차고 나가는 일은 없다. 그렇게 주제 토론이 끝나면 이제 마무리 인사를 하고 다음을 기약하며 헤어진다. 이것이 어른이라면 당연히 알고 있는 대화의 순서이다.

그렇다면 청소년 자녀와는 어떤 순서로 대화하는가? 이 질문을 수많은 청소년 부모들에게 해 보았지만, 이상하게도 "순서는 생각해 보지 못했어요."라는 대답이 주를 이룬다. "그냥 해야 할 말이 있을 때 하면 되는 거 아닌가요?"라고 답한다면 청소년 아이와의 대화는 어렵다. 대화의 절차와 순서를 잘 아는 어른들이 정말 이상하게도 자식 앞에만 서면 그 능력이 사라진다. 어쩌면 내 자식이니까,

어리니까, 그렇게까지 신경 쓰지 않아도 된다는 마음과 부모가 무슨 말을 어떻게 하든 아이는 부모의 말을 들어야 한다는 착각 때문은 아닐까? 아니면 어떻게 대화를 시도해도 이미 통하지 않을 만큼 멀어진 관계 때문은 아닐까?

아직 정소년 아이와의 관계를 포기할 수 없다면, 아이와 편안한 분위기에서 조곤조곤 대화하는 시간을 가지고 싶다면, 그렇다면 이제 청소년과의 아주 특별한 5단계 대화법을 알아야 할 때다. 유아기와 초등학생 시절 잘 통했던 대화가 청소년기에 막히고 있다면 꼭 알아야 한다. 아이마다 심리적 상황이 달라 어느 단계에서 좋은 반응이 올지는 알 수 없지만, 분명 5단계 중 어떤 과정에서인가 말이 통하고 마음이 연결되는 경험을 하게 될 것이다.

1단계 **멈추기**

2단계 **함께 웃기**

3단계 **믿어 주기, 인정하기, 감사하기**

4단계 **아이의 긍정적 의도 알아주기**

5단계 **인지적 재미 키워 주기**

멈추기

멈추어야 하는 이유

제발 아무 말도 하지 마! 엄마 마음대로 해 놓고 날 위해서 그랬다고 말하지 마!

부모는 마음의 준비를 단단히 하고 이제 아이와 새롭게 시작해 보려 하지만, 아이는 기대도 없고 그저 차라리 아무것도 해 주지 않기를 바랄 뿐이다. 가만히 내버려 두라고 외치는 아이에게 "어떻게 부모가 아무것도 안 할 수가 있니!"라고 항변하지 않기를 바란다. 부모는 사랑이라 말하고 아이는 억압이라 느꼈다. 앞뒤가 맞지 않는 부모의 말에 아이들은 너무 지쳤다.

그동안 힘들었던 아이에게 "엄마가 어떻게 해 주셨으면 좋겠니?"
라고 물으면 가장 많이 나오는 대답이 바로 "아무것도 안 했으면 좋
겠어요."이다. 그저 밥 주고, 용돈 주는 역할 말고는 원치 않는다
고 말한다. 참 슬픈 현실이지만 그동안 힘들었던 아이 마음을 생각
하면 충분히 이해가 된다. 한 아이의 말을 통해 어떤 심정인지 알아
보자.

점점 엄마 잔소리가 심해져서 요새는 제가 저를 때려요. 소리를 지
르며 머리를 벽에 박거나 주먹으로 책상을 내려칩니다. 그러면 엄마
가 겨우 멈춰요. 이러다 저도 자해를 하게 될까 봐 겁이 납니다. 어떻
게 해야 할지 모르겠어요. **(고2 남학생)**

심각한 사례를 말해 겁을 주려는 게 아니다. 이렇게까지 심하지
않은 아이들도 이야기를 시작하면 스스로 조절하기 어려운 정도의
스트레스를 표현한다. 그러니 아이를 부정적으로 자극하는 일을 먼
저 멈추어야 한다. 만약 잔소리와 혼내기를 멈추기가 어렵고 노력
해도 잘 멈추어지지 않는다면, 아이에게서 잘못된 원인을 찾기 전
에 부모의 마음 건강을 점검해 보아야 한다. 도대체 내 속에 뭐가 있
기에 사소한 행동에도 참지 못하고 화가 나는 걸까?

나는 왜 지나고 보면 별거 아닌 일에 쉽게 화가 날까?

172

나는 왜 아이가 저렇게 싫어하는 잔소리와 혼내기를 멈추지 못할까?

　　화를 내도 도움 되는 것도 없고 더 스트레스만 받는데 나는 왜 그만두지 못하는 걸까?

　　아이를 혼내다 자신이 암에 걸릴 것 같았다는 한 엄마는 정말 심한 스트레스성 위염으로 고생을 했다. 위장은 사람의 감정을 조절하는 자율 신경의 지배를 받고 제2의 뇌라고 할 만큼 뇌의 영향을 많이 받는 장기라고 하더니, 정말 그랬다. 아이에게 화를 내고 나면 어김없이 명치가 아프거나 속이 쓰리고 소화가 되지 않았다. 화를 멈추지 못하는 이유를 물으니 아이의 행동 하나하나가 그렇게 속이 터질 수가 없다고 한다. 하지만 진짜는 그게 아니었다. 여러 번 이야기를 나누는 동안 엄마는 아이가 자신의 못난 어릴 적 모습과 너무 비슷해 참을 수가 없다고 말했다. 화를 멈추지 못한 건 아이 때문이 아니라 엄마 자신 때문이었다. 아이가 자신의 못난 모습을 그대로 닮은 듯한 느낌 때문에, 그래서 후회되는 자신의 삶과 비슷하게 살게 될까 봐 두려운 마음에 아이를 괴롭혔던 것이었다. 그 사실을 깨닫고 나서야 그나마 화를 멈추게 되었고, 자연스레 건강도 나아졌다.

　　또 다른 남학생은 학교 가기를 거부했다. 학교 폭력을 당한 뒤부터 나타난 증상이었다. 공부도 곧잘 하던 아이라 부모의 기대는 컸지만, 학교에 가지 않겠다는 아이의 뜻이 워낙 강해서 받아 주기로 했다. "네가 원하면 학교 안 가도 돼." 하지만 며칠 지나지 않아 아이는 이렇게 하소연한다.

학교 안 가도 된다고 해 놓고선 제가 조금만 쉬고 있으면, 또 쉬냐고, 아까 쉬고 왜 또 노느냐고 지적해요. 다른 애들은 전부 학원이랑 학교에서 공부하는데 왜 너만 그러고 있냐고 해요. 그동안 너무 힘들었는데, 좀 쉬면서 하고 싶은데, 엄마는 참지를 못해요. 그래서 차라리 학교에 가겠다고 하니 왜 이랬다 저랬다 하냐고 또 뭐라고 해요. 저보고 어떻게 하라는 건지 모르겠어요.

부모는 모순의 극치를 보인다. 말과 행동이 이렇게 다를 수가 없다. 기껏 의연한 태도로 아이의 부탁을 수용해 보지만, 속마음은 그렇지 못하니 결국은 모난 말과 태도로 드러나고 만다. 이렇게 뭘 해도 악순환만 되는 지경이라면 어제보다 나은 변화를 위한 첫걸음이 필요하다. 바로 그 첫걸음이 '무조건 멈추는 것'이다.

멈추면 비로소 보인다고 했다. 멈춘다는 건 부모의 불안과 욕심을 멈추는 것이고, 아이를 괴롭히는 일을 멈추는 것이다. 불안과 욕심과 괴롭힘의 삼각관계가 악순환되고 있으니 이를 선순환으로 바꾸려면 우선 멈추어야 한다. 그걸 그만두어야 새롭게 시작할 수 있기 때문에 멈추는 것이 중요하다. 그런데 상담자가 부모에게 지금까지 하던 걸 멈추라고 하면 대부분의 부모들은 아이를 혼내거나 소리 지르는 걸 멈추라는 정도로 이해한다. 하지만 멈춘다는 것은 그 정도를 넘어서 아이의 감정을 악화시키는 모든 말과 행동을 멈추라는 의미이다.

부드럽고 친절하게 말한다고 해서 아이와 잘 통하는 것은 절대 아니다. 거친 감정은 조절했지만, 정작 그 말의 내용이 아이를 혼란스럽게 하거나 더 화나게 하는 경우도 많다. 어떤 여고생은 휴일에 엄마와 한 대화의 예를 들면서 "이러니까 제가 엄마랑 이야기하고 싶겠어요?"라고 말한다.

> 설거지해 줄래, 청소기 밀어 줄래?
> 청소기 밀게.
> 네가 밀면 구석구석 안 하잖아. 그냥 설거지해. 헹굴 때 꼼꼼하게 헹구고.

아이가 어이없는 표정으로 엄마를 째려보지만 엄마는 아이의 얼굴을 보지 못한다. 이 상황에서 엄마는 화를 내지도 아이를 혼내지도 않았다. 하지만 아이는 엄청나게 열받았으며 '뭐든지 자기 마음대로 할 거면서 묻기는 왜 물어?'라는 느낌이다. 멈춘다는 것은 이렇게 아이를 화나게 하거나 답답하게 하거나 외롭고 슬프게 하는 일을 멈춘다는 의미이다.

부모 입장에서 보면 이런 말을 하지 않는 것이, 아무것도 하지 않는 것이 어찌 쉽겠는가? 하지만 딱 한 달 정도만 의식주를 제외한 아이의 모든 것을 챙기고 시키는 일을 '안 하기'를 선택해 보자. 밥을 챙겨 주더라도 편안하고 담담하게 "밥 차려 놓았어. 냉장고에 간식 있어." 정도의 말만 해 보자. 부모로서 최소한의 역할만 하고 나머지 시간에는 지친 엄마 자신의 마음을 챙겨 보자. 물론 처음에 아이는 '이게 웬 떡인가' 싶어 TV만 보거나 하루 종일 잠만 자거나 게임만 하며 시간을 보낼 수도 있다. 그에 대해서도 아무 말도 하지 말아 보자. 그럼 과연 무슨 일이 일어날까?

아무것도 안 했더니 놀라운 변화가

고등학교 2학년 성훈이는 짜증이 많고 공부를 싫어한다. 다행히 착한 편이라 별다른 문제 행동은 없다. 하지만 부모는 아이가 열심히 공부하지 않는 것에 매우 화가 난 상태이고, 특히 엄마는 주변의 잘 나가는 아이들에 비해 아이의 능력이 뛰어나지 않다는 사실을 견디기 힘들어했다. 엄마와 성훈이의 관계도 최악이었다.

그런데 억지로 상담실에 끌려온 아이를 설득해 심리 검사를 했더니 성훈이는 훌륭한 점이 꽤 많은 아이였다. 성격이 원래 명랑하고 쾌활하며 타인에 대해 친절하고 수용적이다. 사교성도 뛰어나고 유머 감각도 좋다. 재치 있고 지혜로운 말을 잘해서 주변에 친구도 많다. 친구 관계도 조화롭고 선생님들도 아이를 좋게 평가한다. 다만 공부에는 열성이 부족하고 친구들과 어울려 축구하는 재미로 학교를 다니는 것 같았다. 그렇다고 성훈이가 아무런 욕심이 없는 아이는 아니었다. 내적으로는 경쟁심도 강하고 자신이 좋아하는 것에 대해서는 열정적으로 수행하는 모습도 있었다.

성훈이의 학습 스타일은 이론이나 책을 통해 배우기보다 실생활 속에서 체험하고 경험하며 배우는 것을 선호한다. 논리적이고 이성적인 분석보다는 인간 중심적이고 감성적인 가치에 따라 결정을 내리는 경향도 강했다. 순발력이 좋고 임기응변 능력도 뛰어나 일 처리가 빠르다. 관심 있는 일은 열심히 척척 해내지만, 반복되는 일상적인 일은 싫어하고 짜증이 많다. 틀에 갇히거나 속박되어 있으면 잘 견디지 못하고 자신의 능력을 발휘하지 못하였다.

한마디로 성훈이는 너무 훌륭한 능력을 지녔지만, 대한민국의 학교와 공부 시스템에는 적응하기 어려운 아이였다. 엄마를 실망시키고 싶지 않아 뭐든 억지로 하고는 있지만 주어지는 부담과 압박이 점점 성훈이를 힘들게 하고 있었으며 부모의 강요가 더 이상 먹혀들지 않는 시점이었다. 이런 아이에게 상담이 효과적일 거라 말하기는 어렵다. 상담 또한 네모난 상담실 안에서 대화를 통해 풀어 가는 과정이기 때문이다. 성훈이가 자신을 알고, 자기에게 잘 맞는 효과적인 방법을 찾아가는 데 도움을 주는 정도로만 진행하기로 했다.

성훈이 부모님께 준 지침은 아주 간단하다. 딱 100일 동안만 다음의 지침을 지키도록 부탁했다. 지키기 힘들면 백일기도 드리는 심정으로라도 해 보길 권했다.

- 당분간 억지로 가는 건 학교 한 곳으로 한정하기
- 성훈이가 원하지 않는 건 전부 그만두기
- 자신과 타인에게 해로운 게 아니라면 허락하기
- 하루 세 가지 칭찬하기

그 사이 종합진로적성검사를 진행해서 성훈이의 심리 특성과 적성, 흥미를 알아보고 해석해 주어 아이에 대한 이해를 높였다. 그 후두 달 반이 지난 뒤 성훈이 엄마는 밝게 웃으며 이렇게 말했다.

아이가 원치 않는 건 모두 다 끊었더니, 결과가 어메이징했어요.

학교는 즐겁게 잘 다니고 있으며, 무엇보다 엄마와의 관계가 좋아졌다고 했다. 유치원 시절처럼 함께 웃고 장난치는 시간이 많아졌다고 했다. 운동을 좋아하는 아이라 운동 분야로 진로를 알아보고 스스로 원해서 전문적인 운동을 시작했더니, 아이가 운동뿐만아니라 공부에도 자발성을 보여 한 과목씩 공부를 시작했다고 한다. 아무것도 안 시켰는데 이런 변화가 나타나니 놀랍고 신기하다며 감사의 말을 전했다.

엄마가 아무것도 하지 않았다는 것이 대체 어떤 의미이기에 이런 변화가 가능했을까? 잔소리를 하지 않는다는 것은 무관심하거나 무시한다는 의미가 아니다. 엄마와 아이 두 사람 모두 평정심을 유지하기 위한 대화를 하며 안전한 심리적 영역을 침범하지 않고 아이의 의견을 존중하고 수용해 주었다는 의미이다. 엄마는 성훈이에게 이런 말을 해 주었다.

> 수학 공부는 어떻게 하고 싶어?
> 쉬고 싶었구나. 그래 푹 쉬고 하고 싶은 마음이 들 때 시작하자.
> 아, 그런 마음이었구나. 그래 알았어.
> 혹시 엄마가 잔소리 시작하면 엄마에게 알려 줘. 엄마도 모르게 그럴 수 있으니까.

물론 쉽지는 않았을 것이다. 성훈이 엄마는 "몸에 사리가 생겼을지도 몰라요."라며 웃었다. 하지만 억지와 강요, 억압이 사라지면 그 시간은 아이의 자율성과 주도성으로 채워지기 시작한다. 강요와 억압이 없다는 걸 진심으로 깨닫게 되면 사람은 뭔가를 하고 싶어진다. 원래 갖고 태어난 동기이다. 이걸 의심하지 않았으면 좋겠다. 적당히 뒹굴고 쉬면서 여유가 생기면 아이는 스스로 자신이 좋아하고 원하는 무언가를 찾게 된다. 아주 작은 변화의 씨앗이 보일 때 부모는 그걸 지지하고 격려해 주면 된다. 아이가 하려는 것이 자신과 타인에게 도움이 된다는 원칙 하나면 충분하다.

성훈이의 변화를 지켜본 성훈 엄마는 다시 아이를 찾은 기분이라고 했다. 작은 변화가 보이기 시작할 때 자꾸 욕심이 앞서 조금 더 열심히 하라는 말이 나오려 했지만, 그것이 오히려 아이에게 독이 된다는 걸 알게 되었기에 참는 것이 어렵지 않았다고 했다. 그런 엄마의 모습에 성훈이는 점점 엄마에게 다가와 어릴 때처럼 어리광도 부리고 엄마는 쉬라며 설거지도 해 준다고 했다.

성훈이와 엄마의 관계까지 편안해진 것이다. 아이 인생의 주인공은 아이이다. 부모는 아이와의 안전한 거리를 지키며 옆에서 뒤에서 아이가 자신이 원하는 삶을 열심히 재미있게 살아가도록 도와주는 사람임을 기억하자.

멈추는 것만으로 모두 성훈이만큼의 변화를 가져오는 건 아니겠지만, 이렇게 성공적인 변화가 가능하다는 것은 매우 희망적이다. 그렇다면 성훈이 엄마가 저렇게 자신을 잘 조절할 수 있었던 이유는 무엇일까? 상담 과정에서 나는 성훈 엄마에게 '잔소리와 혼내기가 아이에게 어떤 영향을 주는지'에 관해 여러 번 이야기했다. 성훈 엄마는 성훈이에게 잔소리를 하고 싶을 때마다 이 이야기를 기억하며 꾹 참았다고 한다. 원래 부모는 아이에게 나쁜 것을 주지 않는다. 우리 아이의 마음과 정신에 나쁘다는 걸 계속하는 건 너무 이상한 일이다. 만약 잔소리와 화내기를 멈추기가 어렵다면 꼭 알아야 할 부분이다.

계속되는 잔소리의 악영향

이상하게 아이를 키우는 일에는 멈춤이 없는 것 같다. 어릴 적엔 이 위험한 세상에 아이를 혼자 내보낼 수가 없어 24시간 아이의 생활을 관리하고 통제한다. 좀 더 자라 초등학생 이상이 되면 아이가 수행해야 하는 과제들을 시키기 위해 하루 종일 또 다른 차원의 관리를 한다. 그야말로 멈추는 시간도 없고 멈춰도 된다는 생각조차 할 수가 없다.

그런데 아이 입장에서는 어떨까? 아마 아이는 더 갑갑할 것이다. 24시간 모든 행동에 대해 엄마의 관리와 지적을 받으니 얼마나 벗어나고 싶을까? 아이는 언제까지 이런 생활을 해야 할지 더 막막하고 끝이 없다고 느낄 수 있다. 혹시 우리 아이가 많이 지치고 의욕이 없어 보인다면 왜 그런지 알아야겠다. 좋은 부모라면 최소한 아이가 힘들 때 쉬게 하고 에너지를 충전시키도록 해야 한다. 아이가 부모의 지시와 잔소리를 싫어하고 힘들어 하는 건 공연히 꾀병을 부리는 것도 아니고, 의지가 약해서 그런 것도 아니다.

2015년 미국 피츠버그 의대와 UC버클리, 하버드대학의 공동 연구팀이 만 9세에서 17세(평균 연령 14세) 청소년 32명에게 각자의 어머니의 잔소리를 녹음한 음성을 30초 정도 들려주고 뇌의 활성도를 측정하는 실험을 했다. 그 결과 부모의 잔소리는 자녀의 이성적 사고를 멈추게 하는 것으로 밝혀졌다. 엄마의 잔소리를 듣자 부정적인 감정을 처리하는 뇌 영역의 활성도가 증가할 뿐 아니라, 감정을 조절하고 상대방의 관점을 이해하는 뇌 영역의 활성도가 떨어졌다. 즉 잔소리를 듣는 아이들의 뇌는 부모에 대해 이해하려는 부분을 닫고, 부정적 감정만 열어 놓아 감정적 대응만 하게 된다는 것을 보여 준 것이다. 연구팀은 "청소년 자녀가 부모와 충돌하는 이유를 설명할 수 있고, 이런 반응을 이해함으로써 부모의 대처 방법을 바꿔 아이들의 행동과 발달에 도움이 될 수 있다"라고 설명했다.

뇌 의학에서는 청소년이란 심리적인 독립을 시작해 어른이 될 준비를 하는 시기라고 한다. 이 시기가 중요한 이유는 특히 대뇌의 변화 때문이다. 계속 사용하는 뇌의 회로는 살아남아 더욱 활발해지고, 사용하지 않는 뇌의 회로는 쓸데없는 영역으로 여겨져 잘려 나간다. 이 시기에 열심히 공부를 하고, 친구와 건강한 또래 관계를 형성하고, 음악과 미술 등 예술적 경험을 많이 하면 그 분야의 뇌 회로의 연결이 더욱 견고하게 발달한다는 것이다. 반대로 자주 화내고 비난하고 일탈적인 행동을 하면 그런 뇌가 발달한다. 결국 청소년기의 교육과 경험들이 이후의 삶에 큰 영향을 미치게 된다. 지금 나는 우리 아이가 어떤 두뇌 활동을 하도록 하고 있는가!

이제 부모의 잔소리가 청소년에게 미치는 영향을 제대로 알았으니 지금까지 해 왔던 것을 멈추기가 좀 더 수월할 것 같다. 처음엔 아주 많이 불안할 수 있다. 하지만 성훈이의 사례처럼 멈추는 것만으로도 아이의 변화를 경험하는 경우도 많다. 그동안 효과적이지 않

왔던 양육 방법을 멈추는 건 아이에게 상처 주는 일을 멈춘다는 의미이다. 아이는 이제 혼날 거라는 불안을 멈출 수가 있고, 혼내지 않는 부모에게 다가가 정겨운 시간을 보내고 싶어진다. 다시 부모와 아이 사이의 친밀감이 회복되고 심리적 에너지가 충전되는 것이다.

주의력 조절과 집중력 향상을 위한 심리 기법 중에 '멈추고 생각하기(Stop & Thinking)' 기법이 있다. 행동하기 전에 잠시 멈추고 생각하는 것이다. 충동적으로 잔소리하기 전에 부정적으로 흐르는 생각을 멈추고, 무슨 말을 어떻게 할지 미리 생각하고 입으로 연습해 본 후, 아이에게 말을 걸도록 하자. 이 과정을 통해 지금의 문제가 무엇인지 생각하고, 문제를 해결하기 위한 다양한 방법을 고안할 수 있다. 또한 문제 해결 방법의 결과를 예측해 본 다음, 가장 결과가 좋을 것으로 예상되는 방법을 선택해서 행동할 수 있다. '멈추고 생각하기'의 과정을 실천할 수만 있다면 아이와의 대화는 무척 수월해진다. 그러니 그 첫 단계인 멈추기를 잘 실천해 보고 우리 아이가 어떤 모습을 보이는지 관찰해 보자.

멈추기가 한두 번 성공했다면 2단계는 '아이와 함께 웃기'이다. 첫 단계인 멈추기를 하지 못하면 2단계로 넘어가기 어렵다. 잔소리 한마디는 열 번 백 번의 웃음을 무효로 만든다. 청소년과의 대화에서 웃음을 강조하는 것이 의아하게 느껴질 수 있겠지만 매우 중요한 이유가 있다. 차근차근 살펴보자.

함께 웃기

청소년의 웃음

　최근 한 달 동안 아이와 통하는 느낌으로 함께 신나게 웃었던 적은 언제인가요?

이 질문에 어떤 답을 할 수 있는지 생각해 보자. 상담을 요청하는 모든 부모들에게 드리는 질문 중 하나이다. 유아를 둔 부모들은 그래도 바로 오늘 웃었던 이야기를 한다. 초등학생 부모들은 오늘은 아니어도 최근 며칠 안에 함께 웃었던 경험을 이야기한다. 놀이터에서 종이비행기를 날리며 웃었거나, 집에서 함께 보드게임을 하거나 밥을 먹으며 웃었던 경험들이다. 그런데 중학생 이상이 되면 대답이 확 달라진다.

> 글쎄요. 그런 날이 거의 없네요. 최근에는 없습니다.
> 기억이 나지 않습니다. 아이를 볼 수 있는 시간이 별로 없어서요.

사춘기 아이의 심리적 변화는 웃음이 사라지는 걸로 나타난다 해도 과언이 아니다. 잘 웃던 아이가 어느 순간 짜증이 늘었다고 말하면서도 부모는 그게 어떤 의미인지 몰랐다는 말이 된다. 아이가 부모에게 바라는 게 '제발 화나게 하지 말라'는 주문이라면 어쩌면 아이의 웃는 얼굴을 보려면 꽤나 큰 비용이 들 수도 있다. 상담받으러 오는 아이들의 공통점이 바로 잘 웃지 않는다는 점인 걸 보면 틀림이 없다. 물론 사춘기 자녀와 함께 웃었던 경험을 쓰는 부모도 있다.

> 기말고사를 잘 봐서 선물 정할 때.

조건부 사랑이 좋지 않다는 건 다들 잘 안다. 하지만 청소년기가 되면 어느새 부모 자식 관계가 조건적인 경우가 너무 많다. 공부를 잘하면 아주 잠시 상을 받고 즐거워하지만, 성적이 나쁘면 몇 날 며칠 지속적으로 심리적 벌을 받는다. 그런 과정이 반복되면 아이 얼굴에서 웃음은 사라진다. 그래도 다행히 가끔 이렇게 어쩌다 한 번 시험을 잘 봐서 함께 웃기도 한다. 하지만 그 웃음도 아이가 어릴 때와는 다르다. 자세히 살펴보면 청소년 자녀와의 웃음은 '함께' 웃는 다기보다는 그냥 같은 공간, 같은 시간에 머물며 동일 자극에 의해 동시에 웃는 경우가 많다. 동시에 웃는 것과 함께 교감하며 웃는 것은 다르다. TV 예능 프로그램을 보면서 동시에 웃는다고 해서 '함께' 웃는 것은 아니다. 서로 웃으며 눈을 마주치거나 스킨십을 하며 '함께' 웃는 것이 중요하다.

웃음을 연구하는 학자들에 의하면 어린이는 하루 평균 400~500번쯤 웃고 성인은 하루 10~15번 웃는다고 한다. 아이들은 하루 동안 그렇게 많이 웃는 게 정상이고, 그렇게 웃어야 아이의 마음이 건강하게 자란다. 그래서 아이의 웃음은 심리적 현상의 심각함을 재는 잣대로 보아도 좋다. 그런데 요즘은 아이들이 잘 웃지 않는다. 잘 웃는 것 같은 아이들도 자세히 살펴보면 이상한 점이 있다. 불안한데 더 많이 웃는 아이도 있고, 난처하거나 곤란할 때 웃음으로 대강 넘기는 아이도 있다. 가끔은 나쁜 짓을 하고도 웃을 정도로 도덕적 판단 능력에 문제가 생긴 아이도 있다. 하지만 특별한 경우를 제외하면 불안, 우울, 무기력, 애착 문제 등을 보이는 아이들의 공통점 중의 하나가 잘 웃지 않는다는 점인 것은 분명하다.

아이에게서 웃음이 사라지는 이유는 아마도 심리적 문제가 발생한 원인과 연관이 있을 것이다. 대부분은 부모와의 관계에서 먼저 문제가 발생한다. 어린아이일수록 엄마와의 애착 문제를 가진 경우가 많고, 조금 더 크면 친구들과의 관계에서 심리적 문제를 갖게 된다. 그렇게 관계에서 문제가 생기면 가장 먼저 나타나는 현상이 바로 웃음이 사라지는 것이다. 아이의 심리 상태가 매우 어려운 상황임을 알려 주는 강력한 신호이다.

반대의 경우도 마찬가지이다. 관계가 회복되는 가장 두드러진 신호도 웃음이다. 상담을 시작하면 처음엔 긴장하고 불안하게 주변을 탐색하는 모습이 한동안 지속된다. 그러다 어느 순간 아이가 편안하게 웃기 시작한다. 약간만 유쾌하게 분위기를 띄워도 까르르 소리 내며 밝게 웃는다. 그때부터는 아이다운 눈빛과 미소를 띠기 시작하고, 작은 일에도 예쁜 웃음소리를 낸다. 실제로 많은 청소년 상담사들이 가장 안심할 때가 내담 청소년이 환하게 웃을 때이고, 아이가 얼마나 자주 웃는지를 살펴보면서 상담이 잘 진행되어 가고 있음을 확인하기도 한다.

웃음이 주는 효과

"간만에 실컷 웃었어요. 웃고 나니 속이 좀 편해요. 음, 뭐 어떻게든 되겠죠. 그냥 다른 방법으로 한 번 더 해 볼게요. 잘 안 돼도 손해 볼 건 없으니까. 정 안 되면 그때 학교 그만둬도 되니까, 지금은 편하게 생각할게요."

문제를 떠안고 힘겨워하던 청소년들이 어느 순간 이렇게 말하는 때가 온다. 자신의 힘든 마음을 충분히 풀어내고 자신이 원하는 것을 이해하는 과정을 거치면 아이가 밝게 웃는 모습이 자주 나타난다. 그 다음 아이의 입에서 저런 말들이 툭 하고 나온다. 이상하게도 진지한 대화만 계속할 땐 걱정되는 것만 줄창 말하던 아이들이 함께 웃는 시간을 거치고 나면 이런 말을 하기 시작한다. 왜 이런 신기한 현상이 나타나는 걸까?

서던캘리포니아대학의 신경학과 안토니오 다마시오 교수는 "인간은 즐거운 상태가 되면, 그 기쁨은 단순히 고단한 일상을 견디게 하는 정도가 아니라, 활기차게 살도록 해 주며 행복하다는 느낌을 준다."라고 한다. 그래서 이 상태에서는 "창의적 사고와 지각력, 정보 처리 능력이 향상되고 신체 기능도 좋아진다."는 것이다. 웃는 경험만 했을 뿐인데, 아이들은 자신의 상황을 객관적으로 바라보고, 누가 시키지 않아도 자신의 상황을 개선할 대안을 제시하기까지 한다.

미국 인디애나주 볼 메모리얼 병원의 조사에 의하면 하루에 15초씩 크게 웃으면 수명이 이틀 더 연장된다고 한다. 웃음은 두뇌의 기민성을 높여 기억력을 증진시키고, 바이러스에 대한 면역력을 높여 사스나 독감 예방에도 효력이 있는 것으로 보고되고 있다. 뿐만 아니라 웃음은 전두엽의 활동도 촉진시켜 준다. 웃음 치료의 창시자이며 임상심리학자인 스티븐 윌슨은 웃음을 통해 새로운 힘과 에너지를 얻을 수 있으며, 스트레스를 해소하고 긴장, 공포, 적개심, 분노, 격분을 경감시킬 수 있다고 말한다.

부모와의 애착에 문제가 있는 아이들은 이렇게 중요한 '웃음'을 잃고, 이후 이는 또래 관계의 문제로 확장되고 자신감이나 자존감 형성에 방해가 되는 경우가 많다. 특히 중고등학교 교실에서 친구들 간의 크고 작은 다툼이 학교 폭력으로 번지는 이유도 교실에서 함께 통하는 느낌의 웃음이 사라진 데에서 찾는 것도 무리는 아닐 것이다.

청소년을 웃게 하는 부모의 유쾌한 태도

청소년 자녀를 웃게 하기 위해서는 중요한 두 가지 요소가 있다. 바로 부모의 '유쾌한 태도'와 '인지적 재미'이다. 특히 심리적으로 예민한 아이들에게 중요한 것은 부모의 밝고 명랑한 태도이다.

『애착 중심 가족치료』의 저자 대니얼 휴즈는 치료자의 가장 중요한 태도로 유쾌함, 수용, 호기심, 공감을 들고 있다. 이 네 가지 요소가 치료자가 꼭 가져야 할 자세이며, 이런 태도로 상담을 진행해야 아이가 자신의 생각과 감정을 있는 그대로 말과 행동으로 표현해도 된다는 안전감을 가지게 된다고 강조한다. 대니얼 휴즈는 치료자의 태도라 말했지만, 이는 곧 바람직한 부모의 태도로 보는 것이 적절하다. 『존 볼비와 애착이론』의 저자 제러미 홈스는 "좋은 치료자가 환자에게 하는 것은, 양육을 잘 하는 부모가 자녀에게 하는 것과 유사하다."라고 말하며 부모 역할의 중요성을 강조한다. 흥미롭게도 좋은 부모의 역할에서 좋은 치료 기법이 발전된 것이고, 그렇게 발전된 치료자의 역할을 다시 부모 역할로 적용하는 것이 필요하다는 의미가 된다.

청소년들과 만나다 보면 유쾌한 태도가 얼마나 중요한지 경험적으로 깨닫게 된다. 상담자의 진지하지만 밝은 미소에 아이들은 안심하고, 함께 웃으며 믿음이 생기자 이야기를 풀어 나가기 시작한다. 어른이 유쾌한 태도로 다가올 때 아이들은 편안해지고 기대감을 가지며 안심하고 밝아지기 시작한다. 치료자의 목소리와 표정이 밝으면 아이는 그것이 재미있고 기쁜 일이라 인식한다. 이 느낌은 모두가 안전하고 편안한 느낌이다. 인간관계에서의 유쾌함은 혹시 갈등이 생긴다 해도 그 갈등은 단지 일시적인 것이며 자신이 실수하거나 잘못해도 그 관계가 손상되지 않는다는 믿음을 준다. 그리고 아이가 자신의 인생에서 긍정적인 태도가 무엇인지 인식하고 받아들이고 배우며 성장하도록 한다.

유쾌한 분위기는 함께 웃는 웃음에서 나온다. 아이를 어떻게 웃게 할 수 있을까? 아이에게 웃음을 잘 유발하는 부모의 특징은 별일 아닌 것에서 웃음을 끌어낸다는 점이다. 가벼운 유행어를 따라 하거나, 노래 가사를 응용하거나, 라임을 살려 말하거나, 가수의 몸짓을 어설프게 흉내 내는 것으로도 충분하다. 딸아이의 옷을 한번 입어 보며 "엄마, 어때?"라고 하거나, 아들의 모자를 한번 써 보며 "아빠, 어울리지?"라고 말하기만 해도 아이는 "아, 이상해! 안 어울려!"라고 말하며 웃는다. 이 모두가 유쾌한 태도의 힘이다.

메릴랜드대학의 신경학자 로버트 프로빈은 『웃음에 관한 과학적 탐구(Laughter: A Scientific Investigation)』에서 웃음은 그저 유머에 대한 생리적인 반응이 아니라 인간관계를 돈독하게 해 주는 사회적 신호라고 주장한다. 그는 심리학과 학생들을 대상으로 흥미로운 실험을 했다. 재미있는 TV 프로그램이나 코미디 영화를 혼자 볼 때와 여럿이 함께 볼 때 웃음의 빈도가 어떻게 달라지는지 알아보았다. 그 결과 혼자 있을 때보다 여럿이 함께 영화를 볼 때 무려 30배나 더 많이 웃는다는 것을 밝혀냈다. 혼자 있을 때는 재미있는 장면에서 그저 미소를 짓는 경우가 많았으며, 무의식중에 크게 웃다가도 주변에 사람이 없다는 것을 인식하고 나면 이내 웃음이 입가에서 사라진다는 것이다.

그는 또 메릴랜드대학 학교 광장과 주변 거리에서 웃으며 이야기를 나누는 사람들 1200명의 대화 내용을 분석해 몇 가지 흥미로운 사실을 발견하기도 했다. 사람들은 "그동안 어떻게 지냈니?" 혹은 "만나서 반가워요." 같은 일상적인 대화를 나눌 때 가장 많이 웃었다. 또 가장 큰 웃음이 터진 대화들을 분석해 봐도 그다지 포복절도할 내용은 아니었다고 한다. 그는 사람들이 웃기 위해서는 아주 특별한 유머나 농담, 우스갯소리가 필요하다고 생각하지만, 정작 그런 웃음은 전체 웃음의 15퍼센트 정도밖에 되지 않는다고 말한다.

부모와 아이 사이에서도 마찬가지이다. 부모와 아이가 편안한 대화를 나누면 특별한 내용이 아니어도 쉽게 웃을 수 있다. 오늘 학교 다녀오는 아이를 보자마자 뭐라고 인사하면 아이 얼굴에서 미소가 피어오를까? 밥 먹을 때 어떤 대화가 웃음이 나게 할까? 특별한 유머를 준비하지 않아도 된다. 일상적인 대화에서 가장 많이 웃는다는 연구 결과는 웃음에 대한 부담을 줄여 준다.

학교 다녀오는 아이를 이산가족 상봉하듯 맞이해 보자. 밥 먹는 아이를 보며 참 복스럽게 먹는다고 말해 보자. 그 과정에서 친밀감이 더 커지고 그래서 더 많이 웃게 된다. 그래서 얻는 웃음의 효과는 돈으로 사지 못할 만큼 가치가 있다. 사랑하는 우리 아이에게 웃음을 선물로 주자. 바로 지금 우리 아이와 함께 웃어 보자. 이제 부모보다 더 커지기 시작해서 살짝 징그럽게도 느껴지지만 이렇게 건강하게 잘 자라고 있으니 얼마나 기특하고 대견한가!

앞에서 소개한 웃음의 방법들이 어색하다면 아이의 어릴 적 앨범을 꺼내 보는 것도 좋다. 앨범 효과는 생각보다 크다. 어릴 적 모습을 함께 보는 것만으로도 심리적으로 무장 해제되는 효과가 생긴다. 사춘기 청소년 아이들이 가장 원하는 것도 엄마 아빠와 함께 웃으며 행복한 시간을 보내는 것이다. 엄마 아빠와 함께 있는 시간이 행복한 아이는 오늘 학교에서도 즐겁게 지낼 것이다. 엄마 아빠와 좋은 생각을 나눈 아이는 학교에서도 더 좋은 아이디어를 발전시킬 것이다. 부모의 사랑으로 충만한 아이는 그 사랑을 친구들에게 나누어 줄 것이고, 부모의 따뜻한 말 한마디로 아이는 멋진 하루를 보낼 것이다. 우리 아이가 그렇게 멋진 청소년기를 보내기를 바란다면 썰렁한 아재 개그도 좋다. 어처구니없어 하며 웃는 웃음도 서로 통하는 느낌이면 충분하다.

믿어 주기, 인정하기, 감사하기

약속을 안 지키는 중2 아들

중학교 2학년인 태민이는 잠자기 전까지 기말고사 학습 계획서를 써서 엄마와 함께 의논하기로 했다. 취침 시간은 밤 11시 30분. 그런데 11시가 넘어가도 태민이는 학습 계획서는 시작도 안 하고 한 시간째 친구와 전화 통화만 하고 있다. 엄마는 화가 머리끝까지 났다. 11시 25분이 되었는데도 전화를 끊지 않자 결국 태민이 엄마는 방문을 세게 두드리고 방으로 들어갔다. 아이는 엄마를 보더니 놀라서 벌떡 일어났다.

어, 야! 우리 엄마 화나셨어. 끊어. 엄마, 지금 계획서 쓸게요.

엄마는 입을 꾹 다문 채 나오며 문을 꽝 닫았다. 한바탕 잔소리를 퍼붓고 싶었지만, 그래 봤자 죽도 밥도 안 될 것 같아 참기로 했다. 20분 뒤에 태민이가 계획서를 써서 가지고 왔지만 보나마나 얼렁뚱 땅 했을 것이고, 그걸 보면 화가 더 날 것 같아 내일 보기로 했다. 다음 날 아침, 가라앉은 목소리로 아이를 깨웠더니 한 번에 벌떡 일어난다. 밥을 차려 주면서도 입은 꾹 다물고 딱딱한 표정으로 엄마가 아직 화가 나 있다는 걸 보여 주었다. 아이도 잘못한 게 있으니 재빠르게 움직여 등교 준비를 하고 집을 나섰다. 아이의 그런 행동을 보니 자기 잘못을 아는 것 같아 그나마 마음이 조금 풀린다. 하교 후에 다시 마음을 진정하고 제대로 이야기를 나누기로 했다. 어떻게 대화를 해야 아이가 잘못을 깨닫고 제대로 된 계획서를 짜려고 마음먹을 수 있을까? 아이가 하교한 후 간식을 챙겨 주면서 대화를 시작했다.

계획서는?

어제 너무 급하게 한 것 같아서 간식 먹고 나서 좀 더 자세히 쓰려고요. 어제 죄송했어요.

그래, 그렇게 말해 줘서 고마워. 어제 엄마가 기다리느라 힘들었어. 화도 났고, 참느라 더 힘들었어.

정말 죄송해요. 시간이 그렇게 많이 지난 줄 몰랐어요.

너도 계획서 쓰는 거 싫어하는 데 힘들었겠다.

⋯⋯ 근데 엄마, 계획서 쓸 때 진짜 제가 할 수 있는 걸 써도 돼요?

왜 그렇게 물어 봐? 엄마가 계획서는 실천할 수 있는 걸 쓰는 거라고 했잖아.

아니, 진짜 솔직하게 세우면 엄마가 또 화내실 것 같아서.

아냐. 중2는 너한테 맞는 계획을 세우고 실천을 잘 하는 게 중요해. 솔직하게 써도 화 안 낼게.

정말요? 학원 가기 전까지 다시 짤게요.

그리고 그날 태민이는 지금까지 짜 본 계획서와 달리 진짜 진심을 담아서 계획서를 짰다. 게임을 날마다 넣지 않고 사흘에 한 번으로 써 넣은 것은 고마웠다. 숙제와 공부의 양은 엄마가 보기에도 아이가 실천할 수 있는 정도였다. 물론 엄마의 욕심만큼은 아니었지만, 아이가 이 정도를 잘 실천할 수 있다면, 성취감도 느끼고 좀 더 적극적인 모습으로 발전할 수 있을 것 같았다. 엄마는 학습 계획서를 바로 평가하지 않고 아이의 의견을 먼저 물었다.

넌 어떤 것 같아?

괜찮은 것 같아요. 엄마는요?

엄마도. 혹시 네가 힘들면 조절해서 다시 수정해. 계획서는 실천하려고 짜는 거니까 일주일 해 보고 다시 평가하자.

네, 그럴게요. 근데 진짜 제가 할 수 있을 정도로 짠 것 같아요.

그래, 수고 많았어.

　　이렇게 이틀에 걸쳐 학습 계획서가 완성되었다. 그리고 더 중요한 건 일주일 동안 태민이가 자신이 세운 계획을 잘 실천했다는 사실이다. 일주일의 성공으로 엄마의 욕심이 다 차지는 않았지만, 그 후로도 태민이 엄마는 아이가 계획을 잘 못 지킬 때마다 혼내거나 따지지 않고, 어떤 계획이 무리였는지 함께 이야기하고 태민이가 스스로 할 수 있을 만큼으로 수정하도록 이끌었다. 수정된 계획을 성공적으로 실천하면 엄마는 아이의 노력을 인정해 주고 잘 지킨 것에 고마움을 표했다. 그 후로도 태민이는 자기 스스로 계획을 세우고 실천에 성공하는 경험을 자주 하였다.

　　중학교 3학년이 되고 나서는 좀 더 유연하고 자유롭게, 상황에 따라 더하고 빼면서 자신이 스스로 알아서 자기 할 일을 잘 해 나갔다. 그러자 몇 가지 신기한 변화들이 생겼다. 태민이 엄마는 아들과 웃는 일이 많아졌고, 사소한 농담도 잘 주고받게 되었다. 태민이 엄마는 엄마의 말에 귀 기울여 들어주는 태민이가 너무 좋았고 아들과 웃고 이야기하며 함께 길을 걸을 때가 참 행복하다고 했다. 그리고 청소년 자녀와는 하루 한두 마디 대화도 힘들다는 주변의 말이 선입견일 수도 있다는 생각을 하게 되었다고 했다.

　　이런 태민이의 이야기를 들은 다른 부모들은 가장 먼저 "그 집 아이가 되게 착하다."라고 평을 한다. 과연 아이가 이렇게 변한 것이 아이가 착하기 때문일까? 이유가 그뿐일까? 청소년 아이를 둔 부모가 아이들을 평가할 때 나타나는 특이한 현상이 있다. 늘 남의 떡이 더 커 보인다. 다른 아이가 일주일 동안 계획을 잘 지켰다고 하면 정말 대단하다고 한다. 그런데 내 아이가 이렇게 했다면 "그 정도는 당연하지."라고 말한다. 그래서 모처럼 아이와 엄마의 관계 패턴이 달라질 수 있는 소중한 기회가 왔음에도 잘 살려 내지 못하기도 한다. 왜 부모는 늘 이렇게 우리 아이에 대해서는 따뜻하거나 공정하기가 힘들까?

일주일 간 계획을 지키는 일은 절대 쉽지 않다. 아이의 작은 성공을 지지할 줄 알아야 아이는 더 큰 발전을 이루어 갈 수 있다. 혹시라도 아직 태민이가 순하고 착해서 문제 행동이 금세 개선되었다고 생각된다면 태민이 엄마의 말을 들어 보자.

평소에 제가 성격이 급하고 다혈질이라, 아이가 친구와 전화를 할 때 오 분 이상 기다리지 못하고 방문을 벌컥 열고 들어가곤 했어요. 하지만 아이가 중학생이 되고 나서, 저도 뭔가 아이를 대하는 태도가 바뀌어야 할 것 같아 부모 교육을 받았어요. 아이를 믿지 못하고 다그치는 제 모습이 변하지 않으면 태민이도 여전히 스스로 생각하고 계획을 세우는 능력이 발달하지 못할 것 같더라고요.

저 그날 정말 많이 참았어요. 한 시간이라니요. 그리고 태민이가 학습 계획서를 가지고 왔을 때도, 제 성에 차지 않았지만 정말 초인적인 힘으로 참아낸 거랍니다. 그런데 아이를 믿어 주고 인정해 주었다고 아이가 그렇게 빨리 변할 줄은 저도 몰랐어요.

어쩌면 태민이가 그렇게 오랜 시간 친구랑 통화를 했던 건, 어차피 엄마가 문 열고 들어와 잔소리를 할 테니 그럼 그때 끊으면 된다고 생각했기 때문일 것이다. 엄마가 들어오지 않으니 당연히 태민이도 계속 통화를 했고, 그게 그때까지의 엄마와 아들 간의 관계 습관이었다. 엄마는 입에서 다다 나오려는 잔소리를 참느라 정말 힘들었다고 말한다. 청소년 부모에게 가장 쉬운 건 어쩌면 직성이 풀릴 때까지 화내는 것일지도 모른다. 조금만 참고 뭔가 그럴듯하게 부모 노릇을 하려고 하면 이렇게 노력이 필요하다. 엄마는 학습 계획서의 성공 경험 이후 '청소년기 아이도 달라질 수 있구나.'라는 생각을 했다고 한다. 태민이 엄마가 청소년 자녀와 대화하는 방법을 배우지 않았다면 이 사건은 서로에게 또 한 번의 큰 상처가 되고 말았을 것이다.

아이와의 대화가 성공할 수 있었던 이유는?

태민이에게는 학습 계획서를 짜고 수정하고 실천하는 일주일의 경험이 큰 전환점이 되었다. 그때부터 행동의 선순환 구조를 갖게 되어 시간이 갈수록 잘 성장하고 있었다. 태민이 엄마가 한 것은 태민이가 약속을 지킬 거라 믿고 기다려 준 것이다. 물론 첫 번째 약속은 보기 좋게 실패했지만, 실패의 탓을 아이에게 돌리지 않고 화를 내지 않았다. 태민이는 화내지 않는 엄마의 모습에서 전과 다른 미안함을 느꼈고, 자신의 잘못을 인정할 수 있었다. 진심으로 잘못했다고 느꼈기에 이번에는 진짜 계획서를 짜 보기로 마음먹었다.

서로의 감정을 조절하느라 엄마도 아이도 조심스럽고 힘들었지만, 각자의 의견을 충분히 이야기했고, 그래서 태민이는 처음으로 자신이 실천할 수 있는 계획서를 짤 수 있었다. 그래서 성공할 수 있었고, 한 번 성공하니 기분도 좋고 뿌듯함이 느껴져 계속 잘하고 싶은 마음이 들었다고 했다. 엄마가 자신의 노력을 칭찬하자 아이의 인정 욕구가 채워졌고, 엄마가 자신에게 감사하는 말을 하자 태민이의 자존감도 올라갔다. 이렇게 둘의 상호작용이 시너지 효과를 내면서, 태민이와 태민이 엄마는 누구보다도 말이 잘 통하는 엄마와 아들이 된 것이다.

애가 제대로 하는 게 없는데 어떻게 믿어 주고 인정해 주나요?
저렇게 말도 안 듣고 공부도 안 하는 데 감사할 게 어딨어요?

이런 마음이 든다면 천천히 생각해 보자. 아마도 살면서 누가 나를 인정해 주지 않아 속상하고 원망스러웠을 때가 있었을 것이다.

물론 나 자신이 부족하지만, 그래도 잘하려고 노력했기에 누군가 그걸 알아주고 나를 믿어 주기를 바랐다. 혹시 운이 좋아 끝까지 나를 포기하지 않고 격려해 준 그런 사람이 있었다면 두고두고 감사하고 그 사람을 떠올릴 때마다 좀 더 열심히 살아야겠다고 다짐하게 되었을 것이다. 우리 아이에게 그런 사람은 누구일까? 우리 아이도 운이 좋게 그런 사람을 만날 수 있기를 기다리고만 있어야 하는 걸까? 부모가 그런 사람이 되어 주면 안 되는 걸까?

시련이나 고난을 이겨 내는 심리적 힘인 '회복탄력성'(resilience)을 이야기할 때 항상 거론되는 연구가 있다. 1950년대 미국 하와이 군도 카우아이섬은 실업자, 알코올 중독자, 마약 중독자가 많은 피폐한 곳이었다. 섬 전체가 사회 부적응자로 넘쳐났고 범죄율이 매우 높았다. 학문적 관심을 가진 연구자들이 이 섬의 아이들 833명을 어른이 될 때까지 추적 조사하는 대규모 연구 프로젝트를 시작하였다. 어떤 요인들이 한 인간을 사회 부적응자로 만들고 그들의 삶을 불행으로 이끄는지에 대한 연구였다.

연구 결과는 상식에서 크게 벗어나지 않았다. 결손 가정일수록 학교와 사회 적응이 어려웠고, 부모의 성격이나 정신 건강에 문제가 있을 때 아이들에게 나쁜 영향을 미치는 것으로 나타났다. 연구 자료를 분석한 심리학자 에이미 워너는 전체 대상자 중에서 가장 열악한 환경에서 자란 201명을 추려 냈다. 그들은 모두 극빈층이고, 부모는 별거 혹은 이혼 상태였다. 부모 중 누군가는 알코올 중독이거나 정신질환이 있었다. 이들이 18세가 되었을 때는 나머지 아이들보다 훨씬 높은 비율로 사회 부적응자가 되어 있었다.

그런데 워너 교수는 마이클이라는 한 아이의 이야기를 발견했다. 마이클은 그중에서도 더 열악한 조건에 놓여 있었지만, 18세의 마이클은 밝고 명랑하고 매력적인 청년이었다. 성적은 초등학교 때부터 늘 상위권이었고, 독서 능력도 또래 수준을 넘어섰다. 마이클은 미국 대학 입학 자격시험에서 상위 10%에 들었고, 학교 동아리 대표와 학생회장으로 선출되었으며, 미국 본토의 유명 대학에 장학금을 받고 합격한 상태였다. 워너 교수는 마이클의 사례가 아주 예외적인 경우라 생각했지만 놀랍게도 비슷한 사례가 더 많이 발견되었다. 201명 중 72명이 별다른 문제없이 잘 성장한 것이다. 워너 교수는 이 아이들이 어려움을 이겨내고 잘 성장할 수 있었던 공통적인 속성이 있을 거라 직감했다. 그리고 그들에게서 발견한, 삶의 어떤 역경에도 굴하지 않는 강인한 힘의 원동력이 되는 이 속성을 '회복탄력성'이라 불렀다.

그렇다면 그들이 회복탄력성을 갖게 된 요인은 무엇이었을까? 72명의 아이들이 가진 공통점은 바로 그 아이의 입장을 무조건적으로 이해하고 받아 주는 어른이 그 아이의 인생에 적어도 한 명은 있었다는 것이다. 엄마, 아빠, 할머니, 삼촌, 이모, 누구이든 간에 아이에게 기댈 언덕이 되어 준 사람, 그의 존재가 아이를 잘 자라게 했다. 우리 아이에게 누가 그런 사람인지 생각해 보았으면 좋겠다.

회복탄력성이 높은 아이들은 어떤 모습을 보여 줄까? 프랑스의 발달심리학자이자 임상심리학자인 디디에 플뢰 박사가 저서 『아이의 회복탄력성』에서 말하는 회복탄력성이 높은 아이들의 정서적 특징이다.

—

회복탄력성이 높은 아이들의 정서적 특징

- 어른과 똑같이 행동하려고 하지 않는다.
- 자신의 감정을 솔직하게 표현한다.
- 자신을 사랑한다.
- 일상에서 소소한 기쁨을 발견한다.
- 자신감이 넘친다.
- 자신의 장점을 활용한다.
- 독립적인 성향이 강하다.

우리 아이의 모습은 어떤지 생각해 보자. 아이가 이미 이런 모습을 보이고 있다면 감사한 일이고, 혹시 아직 부족하다면 어떻게 도와주면 좋을지 고민해 보아야겠다.

아이들이 부모에게 원하는 말과 행동

약 100명의 고등학생들에게 부모님이 자신에게 어떻게 해 주는 것이 편안하고 격려가 되는지 물었다. 당연히 용돈과 맛있는 음식이라고 답한 아이가 많았고, 혹은 무관심이나 엄마가 하고 싶은 것 하기 등도 나왔다. 그런 환경적인 지원 말고 엄마 아빠가 어떤 표정과 몸짓으로 소통해 주기를 바라는지, 어떤 말로 격려해 주기를 바라는지 물었더니 아이들이 심리적으로 부모님으로부터 받고 싶은 것들이 좀 더 구체적으로 드러났다. 그중 가장 많은 아이들이 언급한 것들이다.

아이들이 부모에게 바라는 행동

- 반갑게 인사해 주기
- 하이 파이브, 로 파이브
- 내가 말할 때 "와!"라며 손뼉 치기
- 엄지 세우기, V자 표시, OK 표시
- 내가 무슨 말을 할 때 반가워하고 놀라는 표정 짓기
- 등 토닥토닥해 주기, 어깨 주물러 주기
- 깜짝 선물(용돈, 초콜릿, 운동화 등)

아이들이 부모에게 바라는 말(문자메시지 포함)

- 와! 나날이 발전하네.

- 대견해. 기특해.

- 가능성이 보인다.

- 네 엄마(아빠)라서 뿌듯해. 믿음직스러워.

- 넌 할 수 있어.

- 열심히 하는 모습이 참 보기 좋다.

- 네가 해낼 줄 알았어.

- 널 보면 기분이 좋아.

- 잘 하네.

- 어쩜 그런 생각을!

- 역시 너야. 자랑스러워.

- 힘들 텐데 쉬어 가면서 해.

- 굉장한데!

- 고마워.

아이를 믿어 주고 인정해 주고 감사하는 것은 막상 시작해 보면 별로 어렵지 않다. 조금만 익숙해지면 아주 쉽다. 바로 이런 방법들이 우리 아이의 회복탄력성과 자존감을 높여 줘서 자신의 인생을 당당하게 살아가도록 한다는 사실을 기억하기 바란다. 아이가 부모

에게 바라는 말과 행동을 하루에 하나씩 실천해 보면 어떨까? 앞에
서는 손발이 오글거린다고 타박하면서도, 뒤돌아 씩 웃는 아이의
얼굴을 볼 수 있을 것이다.

아이의 긍정적 의도 알아주기

진심을 믿으면 공감은 절로

청소년 자녀와 잘 통하기 위해 우선 지금까지 하던 걸 멈추고, 함께 웃는 것이 중요하다고 했다. 그 다음으로는 아이를 믿어 주기, 인정하기, 감사하기의 중요성을 말했다. 그런데 이렇게 전문가들이 말하는 조언들을 부모가 실천하기 힘든 이유를 한 가지 꼽으라고 한다면 바로 아이를 믿기가 어렵다는 점이다.

TV 보지 말고 숙제하라고 하고 잠시 마트에 다녀왔을 때 우리 아이가 숙제를 잘 끝냈을 거라 믿는 마음이 몇 퍼센트 정도인가? 다음 주가 시험인 아이가 계획한 대로 알아서 공부할 거라고 믿는 마음은 어느 정도인가? 엄마가 지갑을 식탁 위에 올려놓으면 아이가 단돈 천 원도 몰래 꺼내지 않을 거라 믿고 있는가? 만약 부모가 아이를 믿는다면 그다음 일은 술술 풀린다. 혹시 말없이 돈을 꺼내 갔어도 이유가 있겠거니 믿고 나중에 이유를 물어보고 수긍할 수 있다. 숙제를 못 해 놓았어도 '숙제가 어려웠거나, 혼자 공부하길 싫어하니 그랬겠지.'라는 생각이 들 정도로 아이를 믿는다면, 오히려 밀린 숙제 때문에 힘들어할 아이를 걱정하게 된다. 자신도 잘하고 싶어 한다는 아이의 마음을 믿으면 그 어떤 경우에도 아이의 판단과 행동을 인정하고 지지하는 건 자연스러운 현상이 된다. 이렇게 부모가 자녀의 진심을 믿는다는 것은 부모의 말과 행동을 결정짓는 매우 중요한 요소가 된다.

태민이 엄마가 참고 기다릴 수 있었던 가장 결정적인 계기는 태민이의 진심을 알게 된 것이었다. 태민이는 상담 중에 이런 말을 했었다.

전 엄마 좋아해요. 잔소리하는 게 싫어서 그렇지.
전 엄마가 저 혼내는 것도 이해해요. 제가 못하니 어쩔 수 없을 거예요.
전 다시 태어났으면 좋겠어요. 처음부터 열심히 하는 애로 태어나면 엄마가 속상할 일도 없을 텐데.

아이가 이렇게 속상해하며 자신을 탓하고 있는 마음을 알고 나니 태민이를 다그치고 혼내는 말을 줄일 수가 있었다. 그리고 엄마가 스스로를 조절할 수 있었던 가장 큰 이유는 태민이가 짠 계획서에서 태민이의 진심과 긍정적인 의도를 보았기 때문이었다. 엄마는 학교와 학원 숙제 외에도 태민이가 스스로 공부하기를 바랐지만, 실제 태민이는 숙제만으로도 힘겨워했다. 그런데 태민이는 학습 계획서에 자기 스스로 공부하기 30분을 넣어 놓았던 것이다. 하고 싶고 해낼 수 있다고 했다. 그리고 일주일 동안 성공적으로 실천했다. 늘 아이가 숙제가 너무 많다고 평계만 댄다고 생각했는데 그게 아니었다. 아이도 자기 스스로 잘 해내고 싶은 마음이 매우 컸던 것이었다. 힘들다고 투덜대는 행동 이면에 숨어 있는 아이의 진심을 알아주면 아이의 변화는 서서히 다가온다. 태민이 엄마는 "그저 놀기만 좋아하고 아무 생각 없이 지내는 줄 알았는데 마음속 깊이 저런 생각을 하고 있었다니……."라고 하며 안타까워했다.

중학교 2학년 철민이 이야기도 들어 보자. 철민이 엄마는 지갑에서 5만 원 한 장이 없어진 걸 발견했다. 남편과 고등학생인 철민이 누나, 그리고 철민이에게 물으니 모두 자신이 가져가지 않았다고 한다. 그런데 아빠와 누나는 철민이의 평소 태도를 언급하며 철민이를 다그치기 시작했다. 엄마는 증거도 없는 상황에서 철민이를 의심하는 건 옳지 않은 것 같아 아빠와 누나를 멈추게 했다. 그리고 철민이에게 공연히 엄마가 잃어버리고선 철민이를 의심하는 상황이 벌어진 것에 대해 사과했다. 엄마도 철민이가 의심스럽지 않은 것은 아니었지만, 아니라고 하는데 더 캐물을 수가 없었다. 물론 마치 형사처럼 아이가 돈을 쓴 흔적을 찾으면 사실 여부를 알아낼 수는 있겠지만 그렇게까지 하고 싶지는 않았다. 결국 5만 원의 행방은 찾지 못한 채 몇 달이 지나 연말이 되었다. 한 해 마무리를 위해 집을 정리하는데 철민이가 자신도 한 해가 가기 전에 정리할 게 있다며 엄마를 자기 방으로 불렀다. 철민이는 힘들게 말을 꺼냈다. "엄마, 그 돈 사실 제가 가져간 거 맞아요. 그때 저 믿어 주셔서 정말 감사해요." 이렇게 말하며 울먹였다.

철민이 엄마는 놀랍고 혼란스러웠다. 증거도 없는데 아이를 추궁하면 오히려 아이가 엇나갈까 봐 걱정되어 사건을 묻어 두기로 했던 건데, 알고 보니 아이가 가져가고는 안 가져갔다고 거짓말을 한 것이었다. 게다가 그때 자신을 믿어 줘서 고맙다고 하는 게 아닌가. 이 상황을 어떻게 받아들여야 할까?

그런데 청소년기 아이의 거짓말에 대응하는 방식으로 가장 중요한 것은 증거가 없으면 믿어 주어야 한다는 것이다. 철민이의 사례에서도 이를 알 수 있다. 심증만으로 다그치면 아이는 사실 여부와 상관없이 자신을 믿지 못한다는 것에 오히려 더 화를 내고 배신감을 느낀다. 증거가 없는데 자신을 믿지 못한다는 데 분노하는 것이다. 증거가 있다고 해도 그 행동의 이유가 있다는 것을 믿어 주어야 한다. 혹시 아빠나 누나가 철민이가 돈을 꺼내 가는 모습을 보았다고 해도, 당장 아이를 범인으로 몰지 말고 말없이 꺼내 갈 수밖에 없었던 이유가 있었다고 믿어 주는 것이다. 사람을 믿는다는 건 쉬운 일은 아니다. 하지만 믿는 만큼 자란다는 것은 경험적 진리이다. 혹시 아이가 문제 행동을 해도 그 이유가 있음을 믿고, 이유를 듣고 보니 그럴 수밖에 없었음을 알아주는 마음이 필요하다. 그렇게 아이의 마음속 한 줄기 진심을 찾아 보듬고 가꾸어야 그 마음이 뿌리를 내릴 수 있다.

긍정적 의도를 알아주면 행동이 변한다

이제 아이의 깊은 진심에 대해 생각해 볼 때가 되었다. 겉으로는 문제처럼 보이는 아이의 행동에도 긍정적인 의도가 있다. 고등학교 3학년인 지후와 엄마의 이야기를 들어 보자. 지후는 별 생각 없이 학교를 왔다 갔다 하며 그저 그런 고등학생 시절을 보내는 것처럼 보였다. 반항적인 행동을 하는 것도 아니고 그렇다고 뭘 열심히 하는 것도 아니었다. 그런 지후를 보고 있으면 엄마는 애가 탄다. 좀 더 잘 할 수 있을 것 같은 녀석이 공부에 전혀 관심이 없어 보이니 답답하고 초조했다. 어느 날, 야간자율학습을 끝낸 아이를 데리러 갔는데 지후가 차에 타면서 짜증을 냈다.

　아, 애들이 너무 시끄러워서 저녁 먹고 잠시 엎드렸는데, 일어나라고 해서 일어났더니 선생님이 야자 끝났다고 집에 가래.

엄마는 아이가 야간자율학습 시간 내내 잠만 잤다는 말에 화가 났다. 이렇게 차로 모시러 오기까지 하는데 어떻게 잠을 잘 수가 있 냐고 아이를 혼내고 싶었다. 하지만 그게 아무 소용없다는 걸 너무 잘 안다. 그래서 숨을 가다듬고 진정해서 이렇게 말했다.

엄마가 데리러 왔는데 좀 미안한가 보네.
누가 엄마한테 미안하대?

이건 또 무슨 상황인가? 어떻게 엄마한테 미안하지 않을 수가 있 지? 성질대로 따지고 싶었지만 이 또한 아이에게 나쁜 영향을 주는 줄 알기에 그저 아무 말 없이 집으로 왔다. 지후의 퉁명스러운 말투 와 공부는 안 하고 잠만 잔 주제에 엄마한테 미안하지도 않은 아이 의 태도가 너무 거슬렸지만, 그 또한 아무리 지적해도 달라지지 않 는 상황이었다. 지후 엄마는 부모 교육에서 배운 내용을 떠올렸다. '어떤 상황에도 아이의 긍정적 의도가 있다.'라고 했는데 아이가 공 부 안 하고 잠만 자고선 도리어 짜증을 내는 긍정적 의도가 도대체 무엇인지 아무리 생각해도 알 수가 없었다. 답답해하는 지후 엄마 에게 질문했다.

잠시 엎드렸는데 일어나니 벌써 밤 열 시가 되었을 때 아이의 기분은 어땠을까요? 집에 가는 시간이라고 신나기만 했을까요?

아이 입장이 되어 생각해 보자. 공부가 힘들기는 하지만 자신도 공부를 잘하고 싶다. 잠시 쉬었다 일어나서 열심히 하려고 했는데, 의도치 않게 시간이 훌쩍 지나가 버려 계획했던 대로 공부를 하지 못했으니 짜증이 날 수밖에 없었던 아이의 마음을 들여다보자. 지후 엄마는 생각이 거기까지 미치자 아이가 안쓰럽고 기특한 마음도 들었다. 그랬구나. 그래서 그렇게 짜증이 났구나. 그런 아이 마음은 몰라주고 엄마한테 미안하니 어쩌니 하는 말만 했으니 아이는 엄마가 자신을 모른다는 생각만 들었을 것 같았다. 지후 엄마는 아이에게 이렇게 말했다.

그날, 네 계획대로 공부 못 해서 속상했던 거야?
그럼, 엄마 같으면 안 그러겠어?
아, 네 마음 몰라서 미안해.
아냐, 나도 미안해.

엄마는 처음으로 아이의 진심을 느낄 수 있었다고 했다. 아이가 늘 공부에 관심이 없고 억지로 하는 줄만 알았는데 그렇지 않았다는 걸 알게 되니 고맙고 미안한 마음이 든다고 하였다. 그리고 이젠 믿기로 했다. 가끔 실수도 하고 꾀도 부리겠지만 아이의 마음속 진심은 자신도 성실히 자기 할 일을 잘 하고 싶은 긍정적 의도가 있다는 것을 믿기로 했다. 그렇다고 당장의 공부 태도까지 좋아지지는 않겠지만, 이렇게 한 걸음씩 가다 보면 아이의 삶이 바람직한 길로 나아가게 될 거라 생각하게 되었다.

아이의 모든 행동에는 긍정적 의도가 있다. 청소년 아이가 시험 점수를 가짜로 말했다면 그 긍정적 의도는 무엇일까? 엄마한테 혼나는 게 싫어서라고 대부분 생각하겠지만 다른 이유도 있다. 엄마 아빠를 실망시켜 드리는 게 너무 죄송해서, 속상해하고 화내는 모습을 보는 게 너무 괴로워서, 웃게 해 드리지 못해 죄송해서, 이런 마음들이 바로 아이의 긍정적 의도이다.

좀 더 생각해 보자. 아이가 한 시간이면 끝낼 수 있는 숙제를 계속 붙들고 낑낑거리고 있는 이유는 무엇일까? 그냥 하기 싫어서? 이상하게 부모는 꼭 아이의 부정적 의도만 먼저 떠올린다. 그런 마음도 물론 있다. 하지만 하기 싫은 마음을 확인하고 아이에게 따져서 득이 되는 게 없다. 오히려 자기 마음을 들켰으니 이제 '에라, 모르겠다'며 자포자기하는 마음만 더 강해질 뿐이다. 그러니 이런 상황에서도 아이의 긍정적 의도를 떠올리려고 해야 한다. 짜증을 내면서도 붙들고 있는 건 숙제를 포기하지 않고 끝까지 하겠다는 의지가 있기 때문이다. 힘들어도 자신이 해야 한다는 생각 때문에 괴로운 것이다. 혹시 그런 모습이 오랜 기간 나타나고 있는데도 계속 아이의 불성실한 태도만 지적하고 있다면 머지않아 아이는 아예 안 하기를 선택할 위험이 매우 높다. 그러니 우리 아이가 힘들어도 자기 할 일을 끝까지 잘 해내는 아이로 성장하길 바란다면 바로 그 행동의 긍정적 의도를 알아주어야 하는 것이다.

> 힘들어도 끝까지 하려고 애쓰네. 엄마가 뭐 도와줄 건 없어? 간식 줄까?

이 정도의 색다른 시선이 필요하다. 조금만 더 연습해 보자. 제 시간에 집에서 나갔는데 학원에 30분이나 지각한 아이의 긍정적 의도는 무엇일까? 무슨 짓을 하다 늦었는지 의심하기보다 이렇게 생각해 보자.

> 무슨 일이 있었나 보네. 별일 없었어? 그래도 안전하게 도착했으니 안심이야. 늦어도 꼭 가려고 노력했네.

이제 아이 입장이 되어 한번 생각해 보자. 만약 엄마가 이렇게 자신의 마음을 수용해 준다면? 자신의 행동에 이유가 있었음을 믿어 준다면? 엄마가 자신도 몰랐던 긍정적 의도를 알아준다면? 어떤 마음이 들까? 우리 마음속은 늘 천사와 악마, 선과 악이 공존하며 갈등을 일으키고 있다. 그중 어떤 생각을 더 키우고 어떤 행동을 선택하는가는 외부의 자극과 내적 가치 기준이 결정적인 요인이 된다. 우리는 아이에게 어떤 자극을 주고 있는가?

그래도 아직도 예전처럼 문제만 콕콕 짚어 혼을 내고 싶은 마음이 더 크다면 심리학 실험 사례를 통해 마음에 대한 이해를 높여 보자.

하버드대학 심리학과 교수 대니얼 웨그너는 1987년 실험 참가자들에게 백곰의 하루를 기록한 영상을 보여 주고 세 그룹에게 각기 다른 지시를 내렸다. "백곰을 기억하세요." "백곰을 생각해도 되고 다른 생각을 해도 됩니다." "백곰을 절대 생각하지 마세요." 그리고 모두에게 백곰이 생각날 때마다 벨을 누르게 했다. 결과는 어떨까? 어느 그룹이 가장 백곰을 많이 떠올렸을까?

결과는 백곰을 생각하지 말라는 지시를 들은 그룹이 가장 많이 백곰을 떠올렸다. '생각을 심는 백곰 실험'이라 불리는 이 실험이 말해 주는 것은 명백하다. 어떤 생각이나 마음을 통제하려고 하면 오히려 그 생각이나 마음에 집착하게 된다는 것이다. 사고 억제와 심적 통제가 오히려 기억을 활성화하는 심리적 현상을 아주 잘 보여주고 있다. 부모가 아이의 부족한 점을 지적하면, 아이는 괴롭다. 그래서 부모에게 들은 말을 잊어버리려 애쓰지만 결국 잊어버리지 못하고 계속해서 그 말을 자동적으로 떠올리게 된다. 이런 현상을 부정적인 자동적 사고라고 한다. 결국 그 부정적인 말이 자신의 언어가 되어 버린다. "난 원래 그래." 하고 오히려 더 좌절하는 것이다.

시험 날 아침 부모는 아이를 격려한다. "잘 할 수 있어. 집중해서 시험 잘 봐." 하지만 안타깝게도 아이는 그 전날까지 부모에게 비난 받았던 말을 더더욱 강렬하게 기억한다. 그동안 부모가 혼내고 잔소리한 시간과 지지하고 격려해 준 시간은 몇 대 몇인가? 부모가 해 준 비난의 말은 아이가 생각하지 않으려 해도 매순간 저주스럽게 생각이 날 것이다. 어떤 문제 상황에서도 아이는 잘하고 싶은 마음, 부모를 기쁘게 해 주고 싶은 마음이 강렬하다. 아이의 마음속에 자신에 대한 부정적인 생각보다 긍정적인 생각이 더 압도적인 크기가 될 수 있도록 도와주려면 아무리 아이의 말과 행동이 마음에 들지 않아도 강력하게 아이의 긍정적 의도를 찾아내어 말해 주어야 한다.

아이를 보는 색다른 관점이 필요하다

이 문제를 한번 생각해 보자. 우리 아이는 다음과 같은 생활을 얼마나 하면 비로소 자유로운 생활을 할 수 있게 될까?

(일어나서 학교 가고, 학원 가고, 집에 와서 밥 먹고, 숙제하고 잠자기)×□시간=졸업!

계산해 보자. 아침 8시에서 저녁 6시까지 매일 10시간, 한 달 중 약 20일, 1년 중 방학 빼고 10개월, 어린이집과 유치원 3년, 초등학교 6년, 중학교 3년, 고등학교 3년까지 모두 15년. 10×20×10×15=

30000. 대략 30000시간의 반복된 생활을 한 후에야 드디어 성인이 되고 그나마 자신의 일과를 스스로 정할 수 있는 자유가 주어진다. 그런데 이렇게 시간을 보내는 동안 아이가 배우고 생각하고 느끼는 건 어떤 것일까? 세상은 자꾸 달라져서 남들과 똑같이 생각하지 말고 자기만의 독특한 사고를 발전시키라고 하는데, 이렇게 판에 박힌 생활을 하면서 아이는 어떻게 남다른 시선, 독특한 자기만의 관점을 발전시켜 21세기형 인재상이라고 하는 창의적인 인간으로 성장할 수 있을까? 마치 기름진 음식을 잔뜩 먹여 놓고 날씬한 몸매를 유지하라고 하거나, 욕을 실컷 하고선 아이에게는 바른말만 쓰라고 하는 것처럼 앞뒤가 맞지 않다.

청소년들이 어떻게 하면 변화하고 달라지는지에 관해서는 의견들이 많다. 그중에서도 가장 중요한 소통 방법은 공감과 수용, 배려와 존중이다. 하지만 이미 실천해 본 부모들은 알겠지만, 청소년들은 마음을 읽어 주는 말을 하면 오히려 거부하는 태도를 보이기 쉽다. "속상하겠다." "창피했겠다." "힘들었겠다." 정말 좋은 마음을 담아 저런 말을 해 주었건만 아이의 태도가 썰렁하거나 오히려 반항적인 태도를 보이기도 한다. 그런데 이런 현상은 우리 아이가 특별히 성격이 좋지 않거나, 부모와의 관계가 나빠서 그런 것만은 아니다. 내 마음을 들키기 싫고 몇 마디 말로 단순화하는 것도 싫고, 어른이 다 아는 척하며 충고나 조언을 들이대는 것도 싫기 때문이다. 이는 사춘기 증상이기도 하고, 성인으로 자라는 과도기에 나타나는 현상이기도 하다. 어쨌든 마음을 알아주는 말에 아이가 거부 반응을 보인다는 것은 이제 그런 대화가 아이에게 통하지 않는다는 의미이니 다른 방법을 찾아야 한다.

지금까지 하던 걸 멈추고, 함께 웃기. 아이를 믿어 주고 인정하고 지지하기. 이것이 아이와 잘 통하는 비결이다. 더 나아가 문제 상황에서도 아이의 진심과 긍정적 의도를 찾아 주어야 아이는 자신을 비난하지 않고 스스로를 믿고 한 걸음씩 성장할 수 있다. 자, 이제 아이가 일상을 의미 있고 재미있는 시간으로 채우기 위한 결정적인 열쇠를 알아보자. 바로 인지적 재미이다.

인지적 재미 키워 주기

무엇이 재미있을까?

혹시 나도 모르게 뭔가에 집중해서 공부를 하고 자료를 찾아보고 굳이 외우려 하지 않았는데도 잘 기억되는 무언가가 있는가? 만일 그렇다면 그런 힘을 발휘할 수 있었던 원동력은 무엇일까? 바로 '재미'다. 사람은 뭔가에 재미를 느끼면 자신도 모르게 집중하고 탐구하고 몰입한다. 실패와 어려움이 있어도 이겨 내고 그 과정에서 희열을 느낀다. 재미는 우리의 일상이 살맛 나게 하는 핵심적인 요소이다.

많은 아이들이 게임과 SNS 혹은 화장이나 아이돌 가수에 재미와 흥미를 느끼고 자신의 에너지를 쏟아붓는다. 한창 그런 것에 관심

가질 나이이니 그 자체만으로 문제가 있다고 말하기는 어렵다. 하지만 자신의 성장과 발전을 위한 공부와 탐구, 수련 활동은 전혀 하지 않은 채 그것에만 시간과 에너지를 모조리 쏟고 있다면 뭔가 다른 방법을 찾아야 한다.

많은 경우, 앞서 이야기한 네 단계의 노력만으로도 학교생활에 더 충실해지고 친구 관계가 좋아진다. 하지만 그 정도로도 여전히 아이가 변하지 않거나, 좀 더 강력한 동기 유발이 필요하다고 느껴진다면 우리 아이의 '재미'가 무엇인지 알아보아야 한다.

현대의 심리학자들은 흥미의 기능이 중요하다고 강조한다. 흥미는 사물에 대한 관심을 높이고 의미 있는 학습을 유도하고, 장기 기억을 증진시킨다. 아인슈타인은 '흥미가 제일 좋은 스승'이라고 말했다. '흥미'와 '재미'는 약간 의미가 다르다. 흥미는 어떤 대상에 마음이 끌리는 감정을 수반하는 관심을 말하고, 재미는 아기자기하게 즐거운 기분이나 느낌을 말한다. 여기서 이야기하는 의미로는 흥미가 더 적합하나, 아이들이 주로 쓰는 재미라는 말로 통일해서 사용하기로 한다.

"재미없어요." 아이들이 자주 하는 말 중 부모가 무척 싫어하는 말이다. 재미없다고 평가하는 순간 아이의 태도는 건성이 되고 불성실해지기 때문이다. 공부는 본래 힘들고 어려운 것이니 참고 해야만 한다고 생각하는 부모는 아이의 이런 모습이 답답하기만 하다. 하지만 힘들고 어려워도 계속할 수 있는 힘은 재미에서 나온다는 것을 알아야 한다. 아이가 "재미없어요." "어려워서 하기 싫어요."라는 말을 입에 달고 산다면 부모도 아이도 '재미'의 의미를 제대로 이해할 필요가 있다.

그렇다면 어려운 도전을 재미있어 하는 아이의 태도는 어떨까? 책을 읽으며, 영어 수업을 받으며 재미있다고 말하는 상년을 상상해 보자. 수학 문제가 제법 어려운지 한참을 낑낑거리고 있지만 발갛게 얼굴이 상기되어 집중하고 있는 모습은 기특하기 그지없다. 많은 아이들이 어렵다고 포기하는 수학이나 과학을 좋아하는 아이들은 이렇게 이야기한다. "어렵지만 재미있어요." 세상에, 수학이 재미가 있다니! 그렇다. 아이가 어려워도 끝까지 자신의 힘으로 풀어 보려고 하는 이유는 재미가 있기 때문이다. 아이에게는 재미가 중요하다. 재미있기에 포기하지 않고 끝까지 풀었을 때 가슴 가득 뿌듯함으로 남는다. 그런 아이의 모습은 부모에겐 세상 무엇과도 바꿀 수 없을 만큼 소중하게 느껴진다. 이런 모습이 가능한 이유는 무엇일까?

인지적 재미를 아시나요?

미국 콜로라도대학 심리학과 명예교수인 월터 킨취 교수는 재미에 관한 연구에서 정서적 재미와 인지적 재미를 분류해 설명하였다. '정서적 재미'는 각성을 유발하는 이벤트, 즉 폭력이나 성과 같이 자동적인 각성 효과나 직접적인 정서 반응을 일으키는 사건을 통해 야기되는 흥미라고 말한다. 그에 반해 '인지적 재미'는 새로운 정보와 기존 지식의 관계에서 유발된다고 하였다. 쉽게 말해서 내가 알고 있는 기존 지식에 새로운 정보가 더해져 지식이 확장되는 과정에서 야기되는 흥미를 말한다.

게임이나 자극적인 흥밋거리에서 느껴지는 재미는 정서적 재미다. 어쩌면 우리가 지금까지 알고 있던 재미가 바로 정서적 재미였던 것 같다. 아이가 어릴 적엔 재미있게 노는 것만으로도 아이의 행동이 긍정적으로 변화하는 모습을 자주 보게 된다. 하지만 사춘기에 접어들면 전혀 다른 양상이 나타난다. 아무리 정서적 재미를 만끽해도 그다음 날 아이의 행동은 별로 달라지지 않는다. 큰맘 먹고 놀이공원에 가서 하루 종일 아이를 위해 봉사하거나 스마트폰을 최신 기종으로 바꾸어 주어도, 되돌아오는 건 원하는 만큼 더 해 주지 않았다고 투정하고 그 후유증으로 오히려 공부에 집중하지 못하는 모습이다. 이상하다. 재미있으면 마음이 만족스러워야 하는데 그렇지 못한 것이다. 친구들과 한참 놀고 돌아와서도 잘 놀았으니 이제 할 일을 하는 것이 아니라 오히려 계속 스마트폰을 붙들고 문자를 하며 할 일을 미루고 있는 모습도 자주 보게 된다. 이런 게 어쩌면 정서적 재미의 한계인 것 같다. 친구를 만나서 즐겁게 놀았는데 집으로 돌아갈 때 왠지 가슴이 허전하기도 하고 심하면 공허함과 후회가 몰려온다. 진짜 만족스러웠다면 느끼지 않았을 감정들이다. 유아기를 벗어나 초등학교 고학년이 되면 서서히 이런 증상이 생기기 시작한다. 왜 그럴까?

바로 정서적 재미만으로는 성장의 욕구는 채워지지 않기 때문이다. 인간의 욕구는 다양해서 기분도 만족스러워야 하지만, 뭔가 배우고 성장했다는 느낌도 충족되어야 한다. 아이의 이런 허전함과 공허함을 채워 주는 것은 정서적 재미가 아니라 인지적 재미이다.

오늘 하루 재미있고 즐거웠지만 왠지 허전할 수도 있고, 재미있으면서 만족스러울 수도 있다. 어떤 일이 끝났을 때 느껴지는 이 만족감의 차이에서 정서적 재미와 인지적 재미의 차이를 찾아보아도 좋겠다. 인지적 재미는 무언가 새로운 걸 알게 되었을 때 느끼는 흥미로움과 신기함이다. 못하던 걸 잘하게 되었을 때의 뿌듯함과 의욕이다. 관심 있는 주제에 대해 더 알고 싶은 호기심과 탐구심이다. 그래서 더 열심히 공부하고 연습하고 싶게 만드는 심리적 원동력이 바로 인지적 재미이다.

인지적 재미가 느껴질 때 아이들은 "재미있어요." "흥미로워요." "이런 거 또 없어요? 좀 더 알려 주세요." "제가 이런 걸 생각해 보았어요."라며 의욕적인 태도를 회복해 간다. 인지적 재미가 충족될 때 아이 마음속에서 성장을 위한 에너지가 다시 꿈틀대기 시작한다. 청소년기 부모 역할에서 아이의 성장을 도와주는 가장 핵심적 요소는 바로 이런 인지적 재미를 키워 주는 것이다.

인지적 재미를 자극하는 색다른 시선

어떤 방법으로 아이의 인지적 재미를 발전시켜 줄 수 있을까? 지금까지 자신이 알던 것과 다른 새로운 것들이 있을 수 있다는 것, 다 알고 있다고 생각한 것에서 전혀 새로운 발견을 할 수 있다는 것을 깨닫도록 도와주는 것이 좋은 방법이다.

아이의 저항이나 반항심을 유발하지 않고 독립적인 영역을 침범하지 않으면서 호기심을 불러일으키고 싶을 때 가장 먼저 활용하기 좋은 자료가 바로 착시 그림들이다. 우리는 사물에 대해 그릇된 지각을 할 때가 많다. 이를 착각이라 하고 시각적 착각을 착시라 한다. 형태심리학(게슈탈트 심리학)에서는 착시 그림을 다양하게 활용해서 우리의 편협한 지각에 대해 설명한다.

덴마크 심리학자 에드가 루빈이 그린 「루빈의 꽃병」을 보자. 이 그림은 보는 사람에 따라 꽃병으로도 보이고 두 얼굴이 마주보는 것으로 보이기도 한다. 형태심리학에서는 관심의 초점이 되는 부분을 전경이라 하고 관심 밖에 놓여 있는 부분을 배경이라 말한다. 꽃병이 먼저 보이면 꽃병이 전경이고, 두 사람의 얼굴은 배경이 된다. 반대의 경우도 마찬가지다. 두 가지가 동시에 보이지는 않는다. 중요한 것은 우리는 동일한 대상을 보아도 자신의 관점과 심리적 상태에 따라 서로 다른 모습으로 인식한다는 것이다. 이 말을 거꾸로 생각해 보면 자신의 관점과 심리 상태가 달라지면 보는 것이 달라

「루빈의 꽃병」

질 수도 있다는 의미이다. 한마디로 자극은 변하지 않는데 지각 경험은 변한다는 사실이다.

청소년기는 특히 '루빈의 꽃병' 같은 현상이 매우 강하다. 내가 보고 듣고 느끼는 것이 세상의 전부라고 생각한다. 엄마 아빠가 내 앞에서 서로에게 화를 내면 '나라는 존재' 때문이라고 생각하기도 하고, 나를 째려본 친구는 나를 싫어해서 그렇다고 단정 짓는다. 수학이 어렵고 싫다는 느낌에 휩싸이면 자신이 수학의 어떤 부분은 흥미로워한다는 사실을 인지하지 못하게 된다. 이렇게 편협한 시각 안에서 아이들은 괴로워한다.

정신적으로 건강한 사람은 자신에게 중요한 형태를 선명하고 강하게 전경으로 떠올릴 수 있다. 하지만 그렇지 못한 경우에는 중요하지 않은 배경과 중요한 전경을 명확히 구분하지 못하고 혼란스러워한다. 부모가 보기에 전혀 중요하지 않은 일에 아이들이 과한 반응을 보이는 것이 이 때문이다. 인터넷 게임이 전경이 된 아이는 자신에게 중요한 학업, 가족, 친구 등을 인식하지 못한다. 아이 눈에는 지금 당장 중요하게 느껴지는 것이 전경이 되어 배경에 존재하는 진짜 중요한 것들이 눈에 보이지 않기 때문이다. 이런 편협함에서 벗어나야 자신이 진짜 원하는 진정한 욕구를 알아차리게 되고, 서서히 통찰이 일어나게 된다.

이런 현상에서 벗어나도록 도와주기 위해 형태심리학에서 자주 사용하는 그림들을 더 살펴보자.

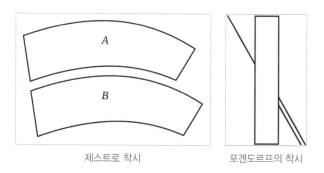

제스트로 착시   포겐도르프의 착시

제스트로 착시라 불리는 왼쪽 그림은 아래쪽 도형(B)이 더 커 보인다. 하지만 자를 대어 확인해 보면 두 도형은 똑같다. 포겐도르프의 착시 그림에서 왼쪽의 선은 오른쪽의 두 직선 중 어느 선과 연결될까? 눈으로 보았을 때는 분명 위쪽 선과 연결되는 것 같지만, 자로 확인해 보면 아래쪽 선과 연결된다는 걸 알 수 있다.

그런데 요즘 청소년들과의 대화가 어려운 건 아이들이 눈에 보이는 대로 말하지 않고 넘겨짚고 아는 척하는 대화 패턴을 보이기 때문이다. 분명 위쪽 선과 연결되는 것처럼 보이지만, 다 안다는 식으로 "이거 아래쪽이죠? 다 알아요. 척보면 알죠."라고 대답한다. 아이가 이렇게 대답하면 김빠지는 느낌이 들지만 쉽게 포기하지 않아야한다. 꼭 직접 자를 대어 확인해 보도록 해야 한다. 다 아는 걸 뭘 확인하냐고 뻗대기도 하지만, 정작 직접 자를 대어 어느 선과 연결되는지 확인하고 나면 반응이 달라진다. "와! 진짜 밑에 있는 선이네요. 신기하다." 청소년들은 다 아는 척하지만 제대로 깨닫지 못하는경우가 정말 많다. 이렇게 한 번의 깨달음이 아이의 마음을 또 한 번성장하게 한다.

'여인과 노파'(원제: 아내와 장모 My Wife and My Mother-in-law)라는 제목으로 알려진 이 그림은 영국 만화가 윌리엄 엘리 힐이 1915년 미국의 한 유머 잡지에 게재한 것이다. 어떤 사람은 젊은 여인이, 어떤 사람은 노파의 모습이 먼저 보인다. 1930년 미국의 심리학자 에드윈 보링이 발표한 논문에서 이 그림을 소개하면서 유명해졌다.

이런 그림은 하나의 그림이 두 개 이상의 사물로 인지되고 여러 가지 뜻으로 해석될 수 있다고 해서 다의도형이라고도 부른다. 똑같은 자극이지만 기대하는 것에 따라 다르게 보이고, 관심이 있는 것은 전경이 되고 무관심한 것은 배경이 되어 묻혀 버린다.

마치 '칵테일파티 효과'와 비슷하다. 칵테일파티 효과란 파티와같이 시끄러운 장소에서 나와 대화하는 사람의 말만 들리고 다른 사람의 말소리는 들리지 않는 현상을 말한다. 나에게 중요한 사람의 이야기는 전경이 되고 다른 소리는 배경이 된다. 아이가 부모와 대화를 나누어도 신경은 온통 스마트폰의 친구 문자에 가 있다면 친구의 문자가 전경이고 앞에 있는 부모가 배경이다. 그러니 배경이 되어 버린 부모와의 대화는 아이의 뇌리에 기억되지 못하는 것이다. 다의도형 등의 자료로 상담가와 대화를 나눈 대부분의 아이들은 이렇게 말한다.

쌤, 이런 거 또 없어요?
왜?
친구들에게 보여 주게요. 완전 대박이에요.

젊은 여인을 먼저 찾은 아이는 노파의 얼굴을 잘 찾지 못한다. 이때 초점을 다르게 보는 방법을 알려 주었다. 노파를 찾기 위해 아래쪽 턱에 초점을 맞추고 약간 벌어진 입을 먼저 보게 한다. 그다음 인중을 따라 올라가서 커다란 매부리코를 보게 하니 그제야 "아, 보여요!"라며 놀라워했다. 중학교 3학년 남자아이는 이런 자료들을 활용한 대화를 몇 번 나눈 뒤에 이런 이야기를 풀어놓기 시작했다.

진짜 눈에 보이는 게 전부가 아니네요. 친구가 저만 보면 놀리고 깐죽거려서 걔가 저를 싫어해서 그런다고 생각했어요. 그런데 선생님이 전에 걔가 나한테만 그러는지 다른 애들한테도 그러는지 물었잖아요. 그땐 나한테만 그런다고 생각했는데 나중에 보니까 아니더라구요. 걘 맨날 그러고 있어요. 뭐 그냥 짜증이 많은 아이 같아요. 그래서 이제 걔가 뭐라 해도 별로 열받지 않아요.

인지적 재미는 새로운 정보와 기존 지식의 관계에서 유발된다고 했다. 자신의 눈에 보이는 것을 전부라고 생각하던 기존의 지식에 다른 것이 숨어 있을 수도 있다는 새로운 정보가 더해져 지식이 확장될 뿐만 아니라 마음도 더 커진다. 이렇게 새로운 인지적 재미가 아이의 심리적 성장에 도움이 되는 걸 종종 확인한다.

인지적 재미를 키워 주는 새로운 정보 탐색

중학교 1학년 재현이가 상담실에 들어오면서부터 화를 냈다. 스마트폰으로 어딘가에 회원 가입을 해야 하는데 실수를 여러 번 해서 인증번호 발송이 불가능해진 것이다. 재현이는 엄마의 스마트폰을 사용하겠다고 조르기 시작했고, 허락해 주지 않으면 상담도 받지 않겠다며 반항적인 태도를 보였다.

네가 고객센터에 전화해서 해결할 수 있을 거야. 왜 그렇게 하지 않고 엄마를 괴롭히는 거야?

네? 정말요? 제가 해결할 수 있어요?

아마 가능할 거야. 만약 미성년자라 부모의 승인이 필요하면 그때 엄마한테 부탁하면 되지 않을까?

통신사의 고객센터 번호를 검색하고, 예의 바른 말투로 통화해야 한다는 조언을 들은 후 재현이는 고객센터로 전화했다. 상담원이 직접 연결되기까지의 자동 응답 과정을 제대로 듣지 못해 두 번이나 다시 돌아가는 과정을 거치고 나서야 상담원과 연결되었다.

안녕하세요? 제가 인증번호 발송을 너무 많이 했어요. 초과했다고 떠요. 다시 발송할 수 있게 해 주실 수 있으세요?

재현이는 고객센터 상담원의 친절한 설명을 주의 깊게 들으며 차근차근 과정을 수행하였고, 결국 다시 인증번호 발송이 가능해졌다. 문제를 해결한 재현이의 얼굴은 환하게 빛났고, 자신이 이 과정을 해냈다는 사실을 무척 뿌듯해했다. 그저 엄마를 조르고, 안 되면 짜증 내고 화내는 것밖에 없는 줄 알았는데, 스스로 모든 과정을 해결하고 나니 아이는 마치 새로운 세상을 찾은 듯 눈이 반짝였다.

너무 재미있어요. 제가 이런 걸 할 수 있다고 생각해 보지 못했어요.

어른이 된다는 건 수동적으로 시키는 것만 하던 역할에서 능동적으로 다양한 문제를 해결하는 역할로 옮겨 가는 것이다. 지금 우리 청소년들은 그런 기회를 전혀 제공받지 못한 채 시키는 대로 공부만 열심히 할 것을 강요받고 있다. 다른 것에 관심을 가지면 그런 건 나중에 대학 가서 하라고 말한다. 그래서는 아이가 자라기 어렵다.

오늘 하루 우리 아이가 학교에서 수업을 듣고 더 잘하기 위해 노력하고 친구와 함께 웃으며 마음을 나누는 모든 일이 스스로 자신의 마음과 뜻으로 선택하는 일이어야 한다. 또한 이미 많은 부분은 그렇게 하고 있음을 깨닫도록 하는 것도 중요하다.

아이가 정말 알아서 제대로 하는 게 아무것도 없다고 생각되어 불안하기만 하다면, 한번 실험 삼아 시도해 보자. TV 홈쇼핑에서 사고 싶은 물건이 있을 때 아이의 의견을 물어보자.

> 엄마, 댓글이나 상품 평은 알바가 쓴 게 많아요. 그냥 믿으면 안 돼요. 그러니 직접 매장에 가서 착용해 보고 사요. 만일 구매한다고 해도 마음에 안 들면 꼭 반품해야 해요. 반품하기 귀찮아서 그냥 놔두면 결국 낭비고 과소비예요. 정 안 되면 제가 반품해 드릴게요. 알았죠?

아이는 충동 구매하는 엄마에게 충고해 주기 시작한다. 이런 경험을 통해 부모는 아이가 몸만 크고 있는 게 아니라 생각도 깊어지고 있다는 걸 깨닫게 된다. 우리 아이가 이렇게 많이 컸구나 하고 느낄 것이다.

아이들이 원하는 건 잘 깔아 놓은 시상식의 레드카펫을 밟는 게 아니다. 자신의 힘이 아닌 부모의 딕으로 그 길을 걷고 싶어 하지 않는다. 혹시 겉으로는 부모가 준비해 준 모든 걸 누리고 좋아하는 것처럼 보일 수는 있어도 사람의 마음은 그런 방식으로는 진정한 성취감을 얻기 어렵다. 아이들에게 물고기를 잡아 줄 것이 아니라 물고기 잡는 법을 가르쳐야 한다. 아이에게 필요한 지식과 정보를 찾아주는 것이 아니라 찾는 방법을 가르쳐야 한다. 어떻게 하면 될까?

새로운 정보를 찾는 방법 가르치기

상담에서는 청소년 아이들에게 세상과의 연결 다리를 찾는 방법을 알려 주기도 하고 실제로 경험하도록 도와주기도 한다. 상담에 오는 한 아이가 자신이 좋아하는 작가가 있는데 그 작가와 한 번 만나는 것이 평생소원이라고 했다. 이렇게 열정적인 소망을 가진 아이를 만나면 정말 기쁘다. 다만 아이는 자신의 소망을 현실에서 연결하는 방법을 몰라 자신의 꿈을 너무 막막하게만 생각하고 있었다. 해결책은 생각보다 쉽다. 스마트한 세상이다. 옛날처럼 인맥이 없으면 누군가를 만나기가 어려운 세상이 아니다. 정말 궁금하고 조언을 구하고 싶다면 얼마든지 연결될 수 있다.

아이에게 '분리의 여섯 단계 이론'을 설명해 주었다. 이는 1929년 헝가리의 작가 프리제시 카린시가 내세운 이론으로 적어도 한 나라 안의 모든 사람들은 여섯 단계를 거치면 서로 아는 사이라는 이론이나. 미국 예일대학의 사회학 교수 스탠리 밀그램의 실험으로 유명해졌다. 이를 인적 네트워크의 개념으로 설명하는 경우가 많지만, 나는 아이들에게 자신이 관심 있는 것을 찾아가는 과정으로 설명하곤 한다. 게다가 여섯 단계는 1929년의 이야기다. 전화도 드물었고, 인터넷과 스마트폰은 아예 없던 시절이다. 이제 여섯 단계가 아니라 두세 단계만 거쳐도 쉽게 새로운 곳에 다다를 수 있다. 그래서 새로운 정보만 접해 보아도 아이의 심리 상태가 확 달라질 수 있겠다 싶을 때면 해 보는 것이 있다. 바로 '메일 보내기'이다. 우선 아이에게 여섯 가지 질문을 던지고 그에 대한 이야기를 나눈다.

① 무엇이 궁금한가?
② 어떤 정보가 필요한가?
③ 누구에게 보낼 것인가?
④ 몇 명에게 보낼 것인가?
⑤ 혹시 답장이 없다면 어떻게 할 것인가?
⑥ 만약 답장이 온다면 어떻게 할 것인가?

그런데 이 과정에서 엉뚱하게도 대부분의 아이들이 "메일 주소를 어떻게 알아요?"라고 질문한다. 조금만 알아보면 메일 주소 정도는 쉽게 알 수 있다는 사실조차 잘 모르는 것이다. 아이가 좋아하는 작가의 책을 출판한 출판사의 홈페이지에서 출판사 메일 주소를 알아내서 작가의 메일 주소를 알고 싶다고 정중하게 요청한다. 물론, 작가의 팬이라는 것과 궁금한 점을 물어보고 싶다는 의향을 분명히 밝히는 것이 좋다. 작가의 메일 주소를 받으면 진심을 담아 메일을 쓴다. 이렇게 약 10명 정도의 좋아하는 인물들에게 메일을 보내면 답장을 몇 통이나 받을 수 있을까? 대략 절반 정도는 받을 수 있다. 생각보다 어렵지 않다. 하지만 이 과정을 아이가 모두 직접 해 본다는 사실이 정말 중요하다. 아이는 자신과 세상이 생각보다 가깝게 연결되어 있음을 잘 모르기 때문이다.

초등학교 시절 군인인 아빠를 따라 이사를 자주 다닌 한 고등학생은 이런 방법을 알려 주었더니 조심스럽게 정말 메일을 보내고 싶은 사람이 있다고 말했다. 초등학교 5학년 시절 전학 온 자신을 따뜻하게 보듬어 주었던 담임선생님이란다. 졸업한 학교에 전화를 하거나 교육청에 문의하면 선생님이 현재 계신 학교를 알 수도 있을 거라 이야기해 주었지만 아이는 한 달이 가도 전화하지 못했다. 왠지 쑥스럽고, 정말 답변을 해 줄지 의심스럽고, 무엇보다 선생님이 자신을 기억하지 못할 것 같다고 말한다. 이런 정도가 우리 청소년들의 심리 상태라고 말하고 싶다. 마음의 준비가 필요하고, 실행력이 필요하다. 메일을 쓰고 보내기만 클릭하면 되는데 그 한 번의 클릭이 그렇게 힘든 게 청소년이다.

이런 청소년 아이들이 세상과 연결될 수 있는 방법을 알려 주는 것이 부모 역할 중 아주 중요한 부분이다. 가끔 크고 작은 인터넷 뉴스를 통해 중고등학생들이 직접 유명 인사를 찾아가 인터뷰를 하고 그 결과를 남긴 것을 볼 때가 있다. 그런 소식을 들을 때마다 그 아이들이 기특하고 그런 방법을 아이들에게 알려 준 부모님이나 선생님께 감사하다. 하지만 한편으로는 그 정도가 뉴스거리가 되는 현실이 씁쓸하다. 강조하고 싶은 건, 도전하는 삶을 살지 못하는 건 아이의 능력이 없어서가 아니라는 점이다.

우리 아이는 이미 모든 것을 가지고 태어났다. 많은 것을 배우고 싶은 호기심, 더 잘하고 싶은 의욕, 실패해도 다시 일어나 시도하는 용기도 모두 가지고 태어났다. 청소년과의 5단계 대화법은 우리 아이 마음 깊은 곳에 숨어 있는 이 보석들을 가로막고 있던 장벽을 하나씩 사라지게 하는 과정이다. 부디 아이의 잠재력과 가능성이 넓게 펼쳐지는 그 과정을 부모와 아이가 함께 손잡고 걸어가길 바란다.

236

4부

나에게도
희망이
있나요?

오랜 기간 좌절과 포기로
힘든 아이를 도와주려면

정말 이렇게까지 해야 하는 건가요?

청소년이면 이제 다 컸는데 알아서 해야 하는 것 아니에요?

과연 이런다고 효과가 있을까요?

청소년의 심리에 대해 이해하고, 아이의 마음과 소통할 수 있는 대화법을 알아보았지만, 여전히 부모의 마음에는 이런 의문들이 남는다. 정말 이렇게까지 해야 하는지 답답하고, 도저히 나는 그렇게 못하겠다는 마음이 치밀어 오르기도 한다. 아이를 대할 때 자꾸 그런 마음이 든다면 우선 부모인 나의 마음을 보살필 때라는 신호로 이해하면 좋겠다. 부모가 마음이 힘들면 아이와의 관계는 나빠진다. 그러니 부모 자신의 힘겨움과 어려움을 이해하고 잘 보살피는 것이 중요하다. 그리고 부모와 아이를 위해 앞에서 제시한 방법들을 차근차근 시도해 보았으면 한다. 물론 앞에서 강조한 방법과 다른 방법들을 찾을 수만 있다면 그 방법을 쓰면 된다. 하지만 힘들어하는 아이를 도와줄 좋은 방법을 찾지 못한 상태라면 손을 놓은 채 상황을 더 악화시키기보다는 약간의 시도를 해 보기를 권한다. 부모가 아무런 도움을 주지 않는 시간 동안 우리 아이가 더 힘들어지고 있기 때문이다. 오랫동안 좌절하고 포기하는 마음으로 힘들었던 아이를 변화시키는 것은 쉽지 않다. 아이의 마음은 이미 차갑게 식어 있고, 부모 또한 지칠 대로 지쳐 있는 경우가 많다. 하지만 그런 아이를 절대 포기해서는 안 되는 것이 어른의 몫이다.

오랫동안 힘들었던 여진이의 마음

중학교 3학년 여진이는 엄마 아빠와 함께 상담실을 찾았다. 스마트폰과 SNS에 심하게 노출되어 있었고, 학교 밖 친구들과의 어울림으로 학교 공부에는 관심이 없었다. 등교를 거부하고 외출해서는 부모에게 연락을 하지 않거나 밤늦게 귀가하고, 툭하면 부모에게 소리를 지르는 등 반항적인 태도가 심했다. 여진이는 언제부터 이런 모습을 보이기 시작했을까?

여진이는 어릴 적부터 부모님이 맞벌이를 해서 가까이 사시는 할

머니가 키워 주셨다. 밤이면 엄마가 보살폈지만 일과를 챙기기에
급급해 아이 마음을 헤아릴 여유는 없었다. 할머니는 혹시라도 여
진이가 잘못될까 봐 노심초사하며 여진이를 챙겼지만, 여진이의 마
음을 헤아리기보다는 지적하고 잔소리를 하는 경우가 많았다. 초등
학교에 입학한 여진이는 친구에게 자주 화를 내고 다퉜고 자신이
원하는 대로 되지 않으면 심하게 짜증을 냈다. 그래도 남자아이들
과 잘 어울리는 활달한 성격이라 그런대로 큰 문제는 없다고 생각
했다. 하지만 고학년이 되면서 아이들이 동성의 친구들하고만 어울
리기 시작하자 여진이는 친구가 없어졌다. 공부에도 흥미를 붙이지
못하던 상황이라 스마트폰만 끼고 살았다. 중학생이 되자 학교 밖
아이들과 어울리면서 귀가 시간이 점점 늦어졌고 그런 행동에 제재
를 가하면 심하게 반항을 했다. 게다가 감정 기복도 심해서 그나마
어울리는 친구들과도 충돌하는 일이 잦았다. 특이한 점은 초등학
교 6학년 때쯤 여진이가 상담을 받고 싶다고 먼저 엄마한테 말했다
는 점이다. 하지만 당시 엄마는 큰 문제라고 여기지 않았고, 여진이
가 중학교 3학년이 되어 문제 행동이 더 심각해지자 그제야 여진이
를 데리고 상담실로 온 것이었다. 엄마가 여진이에게 상담을 받자
고 제안했을 때 여진이는 거부하지 않고 순순히 따라왔다.

　여진이의 심리 상황을 정확히 알기 위해 실시한 심리 검사에서
몇 가지 특징적인 사항들이 나타났다. 우선 여진이가 친구들과 잘
어울리지 못하고 종종 충돌하는 이유가 있었다. 여진이는 사회적

상황에서 전후 맥락을 파악하는 능력이 부족했다. 길을 가다 엄마의 지인을 만나면 "난 모르는 사람인데 왜 인사를 해야 해요?"라고 했으며, 자신이 실수로 쏟은 음료수가 옆의 아이 옷에 튀어도 "저리 좀 가라니까!"라며 오히려 남 탓을 했다. 자신이 시간 약속을 어길 땐 이유를 대며 당당했으나, 상대가 약속을 어기면 어떻게 그럴수 있냐며 화를 내기도 했다. 심지어 엄마 지갑에서 허락도 받지 않고 돈을 꺼내 가면서도 "엄마도 제가 가져간 거 알아요. 그게 왜 문제예요?"라는 식의 반응을 보였다. 어릴 때는 이러지 않았다고 하니, 아예 처음부터 배우지 못한 것은 아니었다. 자신을 둘러싼 모든 상황에 대한 불만과 불안이 높아지면서 사회적 규범과 예의를 지키지 않게 되었고, 그런 경험이 오래되다 보니 결국 인지적 혼란을 경험하는 것이었다. 심리적 불편이 쌓이고 쌓이면서 판단력과 도덕적 경계가 흐트러진 것이다. 엄마와 여진이의 대화는 늘 이런 식으로 진행되었다.

> 너 왜 인사를 안 하니? 사람이 인사를 잘해야지. 그게 기본인데.
> 난 그런 거 몰라요.
> 왜 몰라? 네가 어릴 적엔 인사도 얼마나 잘했는데.
> 다 까먹었어요. 몰라요. 어릴 때 배운 거 하나도 기억 안 나요.
> 너 정말 그럴래!

자신도 모르는 청소년의 마음속 이야기

어릴 적엔 인사도 잘하고 밝고 활달하던 아이가 왜 이렇게 변했을까? 여진이가 자신과 자기 부모에 대해 한 이야기를 들어 보자.

> 전 엄마랑 사이가 안 좋아요. 우리 집은 대화가 잘 안 돼요. 엄마는 바쁘고 다혈질이고 자기 맘대로 안 되면 소리 지르고 폭탄을 터뜨려요. 사람들은 아무도 저한테 관심이 없어요. 어떻게 해서든 잊고 싶은 것은 '내 마음속의 상처'예요.

여진이에게 가족 그림을 그려 보게 했다. 여진이는 도화지를 두 구획으로 나누어 한쪽에는 TV를 보는 아빠를 그리고 다른 한쪽에는 자신이 스마트폰을 하는 그림을 그렸다. 엄마는 그림에 존재하지 않았다. 왜 엄마는 없냐고 물어보니 "엄마는 일하고 오겠죠."라고 말할 뿐이었다.

여진이는 유아기에 충분히 채워졌어야 할 친밀감의 욕구가 만성적으로 결핍되어 있었다. 크고 작은 일들이 있을 때 혹은 할머니 때문에 속상할 때 적절한 도움을 받지 못한 채 상처만 쌓여 왔으며 이런 여진이를 제대로 이해하지 못하고 혼내기만 하는 부모에 대해 분노와 적개심을 보이고 있었다. 지금 현재 드러나는 문제의 뿌리가 어린 시절에 닿아 있다는 걸 제대로 이해해야 지금의 위기를 잘 해결할 수 있다. 여진이가 지금 이런 문제 행동을 보이는 게 단순히 나쁜 친구와 어울려서라거나 정신을 못 차리고 놀기만 좋아해서라고 말할 수 없다.

　게다가 단순히 정서적인 문제만 있는 것이 아니었다. 정서적 결핍은 사고의 왜곡을 가져오는 경우가 많다. 여진이는 다른 사람의 시선과 외부 자극에 지나치게 예민했다. 옷차림이나 헤어스타일에 대해 누가 좋지 않은 반응을 하면 몇 날 며칠을 옷을 사 달라고 조르거나, 헤어스타일 때문에 학교에 가지 않겠다고 우기기도 했다. 게다가 사고의 융통성도 부족했다. 자신에게 실수를 한 친구가 진심으로 사과를 해도 절대 받아들이지 않았으며 그 친구를 '평생의 원수'라고 표현했다. 양육 환경에서 비롯된 심리적 상처가 외부로 투사되어 타인과 세상을 위협적이고 두려운 대상으로 인식하고 피해 의식이 매우 높아진 것이다. 결국 상대방의 생각이나 의도를 잘못 해석하거나 오해하여 갈등과 마찰이 점점 심해지고 있는 상황이었다.

　그러니 스스로에 대한 인식도 긍정적일 수가 없었다. 사람들이 자신을 피하면 '난 아무것도 아니구나.'라는 생각이 든다고 했다. 원하는 일이 뜻대로 되지 않았을 때는 '난 뭘 해도 안 돼.' 하는 생각만 든다고 했다. 스스로에 대한 자아존중감이 매우 낮고 자신의 미래에 대해 암울하게 생각하고 있었다. 여진이에게 지금의 자신을 표현해 보라고 하자 이렇게 말했다.

끝없는 사막에서 길을 잃고 목말라 죽을 것 같은 느낌.

망망대해에서 침몰하기 일보 직전.

여진이에게 엄마와의 관계가 언제부터 이렇게 나빠졌는지 물었다.

한 여섯 살 때쯤? 그때 전 어렸잖아요. 그러니까 저녁에는 엄마랑
놀고 이야기하고 싶었는데 엄마는 늘 피곤하다고 다음에 하자고 했
어요. 맨날 다음에, 다음에…… 어느 순간부터 포기했어요. 그런데 제
가 말을 안 하니까 엄마 잔소리가 심해지는 거예요. 이제 웬만하면
말 안 걸려고 해요. 제 기억 속에는 엄마와의 추억이 없어요. 놀러간
적도 없어요.

그런데 여진이 엄마가 기억하는 어린 시절은 완전히 달랐다. 엄
마는 퇴근하면 여진이에게 오늘 뭐했는지 물어보고 얘기를 나눴다
고 했다. 아이의 말을 충분히 들어 주었고 껴안고 웃는 일도 많았다
고 했다. 가족끼리 놀러 간 적이 없는 것도 아니었다. 휴가철이면 제
주도에도 가고 놀이공원에도 갔었다. 왜 아이는 그런 건 기억하지
못하고 서운한 것만 기억하는지 여진이 부모는 답답하기만 했다.
하지만 어떤 이유에서인지 여진이에게는 마음에 상처가 되는 일만
강렬하게 기억에 남았고, 행복하고 긍정적인 기억들은 무의식 어디
론가 숨어 버린 게 틀림없었다. 왜 좋은 기억들은 사라지고 힘든 기

억만 남아 여진이를 괴롭히는 걸까?

어쩌면 여진이 부모는 여진이가 바라는 걸 해 준 게 아니라 부모가 해 주고 싶은 것만 해 준 것일 수 있다. 혹은 여진이가 어떤 아이인지 성격적인 특성과 심리적 욕구를 몰랐던 것일 수도 있다. 엄마는 여진이가 놀기만 좋아한다고 했지만 전혀 그렇지 않았다. 여진이는 초등학교 때 엄마와 함께 앉아서 숙제를 하고 싶었다고 했다. 하지만 엄마는 숙제는 혼자 스스로 하는 것이라고 생각해서 여진이의 숙제를 봐 주지 않았다. 여진이가 엄마를 필요로 한 순간에 엄마가 그 욕구를 채워 주지 못한 것이다. 물론 부모가 아이의 욕구를 모두 채워 줄 수는 없다. 하지만 아이의 욕구의 우선순위가 무엇인지를 제대로 파악하고 그것을 먼저 채워 주려고 노력하는 것이 중요하다. 엄마의 욕구가 아니라 아이의 욕구가 먼저여야 한다.

심리검사에서 나타난 여진이는 자신에 대한 주관적 기대치가 매우 높고 훌륭한 성취를 이루고 싶은 열망을 갖고 있으나, 그렇지 못한 현실에 좌절하고 있었다. 학교와 주변 사람들에게 비난받고 무시당한다고 느끼는 경우가 대부분이었다. 이런 상황에서 심한 분노와 자책감, 심리적 혼란과 무기력감을 겪고 있었으며 이로 인한 심리적 스트레스가 무척 컸다. 또한 그런 마음이 잘못된 행동으로 표출되면서 역으로 사회적 배척을 경험했고 그로 인해 심리적 불안과 고통을 심하게 느끼고 있었다. 이미 학교에서는 문제아로 낙인 찍혔으므로 자신이 노력해도 더 이상의 희망이 없다고 생각하여 지각, 결석, 무단이탈, 등교 거부와 늦은 귀가가 일상이 되었다.

엄마 아빠의 간절한 5단계 대화법

여진이의 엄마 아빠는 이런 여진이를 보며 속이 말이 아니었다. 달래기도 하고 혼내기도 하고 스마트폰을 뺏거나 외출 금지도 해 보았지만 소용이 없었다. 마지막으로 여진이가 옛날부터 상담받기를 원했으니 지푸라기라도 잡는 심정으로 왔다고 했다.

엄마 아빠는 여진이가 늘 친구 관계에 힘들어하는 점을 마음 아파했다. 중학교 1학년 때 여진이가 학교를 못 가겠다고 하자 이사와 전학을 심각하게 고려해 본 적도 있었다. 하지만 현실적으로 이사와 전학이 어려워지자 여진이는 이사도 안 갈 거면서 자기에게 거짓말을 했다며 부모를 더 원망하기도 했다.

여진이 부모님은 어떻게 해야 이 어려운 시기를 무사히 넘기고 여진이가 안정적인 학교생활을 할 수 있을지 알고 싶다고 했다. 부모의 이런 간절함과 노력을 여진이가 알고 있을까? 여진이는 부모님이 자기 때문에 힘들어하고 자신에게 맞추려 노력하는 것도 알고는 있다고 했다. 하지만 자신이 얼마나 힘든지 이해하지 못한 채 자기의 행동을 하나하나 통제하고 공부하라는 압박만 한다며 부모님에 대한 원망이 더 커져 가고 있었다.

이제 여진이와 부모 모두를 위해 진정으로 도움이 되는 방법을 찾아야 한다. 지금까지 해 왔던 대로 여진이가 원치 않는 일방적인 사랑을 주거나, 부모의 방법이 통하지 않는다고 아이를 혼내는 것은 멈추어야 한다. 여진이 마음을 이해하고 부모님과의 관계를 개선하고 학교에 적응하는 문제를 차례로 풀어 가기로 했다. 부모의 마음 같아서는 당장 여진이의 태도가 달라지면 좋겠지만, 그런 요술 방망이는 없다. 배도 없고 다리도 없는 강을 건너야 한다면, 나무를 모아 뗏목을 만들거나 커다란 돌을 찾아 징검다리부터 놓아야 한다. 그렇게 한걸음씩 가야 한다. 그런 마음으로 여진이의 부모와 함께 '청소년과의 아주 특별한 5단계 대화법'을 적용하기로 했다.

step 1 멈추기

엄마는 조바심 나는 마음과 잔소리를 멈추기로 했다. 여진이 몰래 스마트폰을 뒤지는 일도 멈추기로 했다. 엄마의 불안한 마음은 충분히 이해하지만, 여진이에게 전혀 도움이 되지 않을 뿐더러 오히려 부모의 불안한 마음만 더 커질 수 있기 때문이었다.

> 제가 핸드폰 내용을 보지 않아도 별일 없을까요?
> 여진이 핸드폰 감시하신 게 얼마나 되셨나요?
> 일 년 정도.

그동안 미리 아셔서 문제를 예방한 적이 있었나요?

아뇨. 별로.

지금까지는 운이 좋아 여진이가 몰라서 다행이었지만, 여진이가 알게 된다면 오히려 부작용이 클 것 같아요. 지금까지 하던 걸 멈추는 이유는 변화를 위해서예요. 아이가 먼저 달라지면 좋겠지만 안타깝게도 그런 일은 별로 없는 것 같아요. 작은 시작이 큰 변화를 불러올 수 있으니 우선 멈춰 보시면 좋겠어요.

멈추라는 말이 아무것도 하지 말라는 말로 이해가 되었는지, 여진이 엄마는 그럼 뭘 해야 하냐고 질문했다. 아마도 이 책을 읽으며 청소년들에게 무엇이 중요한지 이해가 조금 되었다면 다음 단계가 무엇인지 떠오를 것 같다. 다음은 여진이와 웃을 일을 만드는 것이다.

step 2 함께 웃기

여진이와 엄마 아빠가 함께 웃는 일은 생각보다 쉽지 않았다. 특히 엄마에게 마음의 문을 닫은 여진이는 엄마가 재미있는 말이나 행동을 해도 차갑게 반응할 수 있다. 그래서 여진이가 어릴 적에 그토록 원했던 '엄마와 이야기하기'로 여진이의 웃음을 유발하도록 도와주었다. 어린 시절 여진이는 엄마와 이런저런 이야기를 나누면서 정서적 교감을 얻고 싶었을 것이다. 엄마와 손을 잡거나 껴안고 업히기도 하며 웃으며 장난치고 싶었을 것이다. 이런 시간이 얼마나 행복한지 경험해 본 사람들은 너무 잘 안다. 여진이에게는 바로 그런 느낌의 시간이 필요하다. 하지만 이미 마음의 문을 닫아 버린 여진이에게 다가가는 건 쉽지 않은 일이다. 그래서 짧은 문장 몇 마디를 일러 주고 엄마가 먼저 이야기를 시작하도록 했다.

첫째, 고마운 일을 찾아 아이에게 먼저 말해 주는 것이다.

> 어젯밤에 고마웠어. 열 시에 들어올 거라고 먼저 문자해 줘서 엄마가 안심이 되고 좋았어. 고마워.

이렇게 말한 다음엔 아무 말도 하지 않고 하던 일을 계속하는 게 더 효과적이다. 자신에게 고마움을 표현해 준 엄마에 대한 좋은 마음이 생겨날 자리를 만들어야 하기 때문이다. 예전 일을 끄집어내거나 다음에도 꼭 그래야 한다며 다짐을 받는 것은 모처럼의 좋은 시도를 무용지물로 만들 뿐이다.

둘째, 아이를 생각하는 마음을 간접적으로 전달하는 것이다. 여진이가 좋아하는 예쁜 컵케이크나 마카롱 같은 간식을 두세 개 포장해 와서 이렇게 말하는 방법이다.

> 누가 선물 준 거야. 너 주려고 안 먹고 챙겨 왔어.

청소년의 마음은 쉽게 열리지 않는다. 노골적인 친절도 거부하고 조금만 무심하면 관심 없다고 원망한다. 지금까지 안 하던 방식을 갑자기 시도하면 아이는 오히려 방어적인 태도를 보인다. 그러니 안전한 거리를 유지하면서도 온정적인 마음을 느낄 수 있는 긴접적인 방법이 효과적이다. 그래서 앞서 칭찬도 간접 칭찬이 더 효과적이라는 것을 강조했다.

셋째, 아이가 요구한 것들 중에 수용할 수 있는 것을 먼저 말해 주는 것이다. 여진이가 최근에 엄마에게 요구한 것은 옷 사기, 염색하기, 통행금지 시간 늦춰 주기였다. 여진이 엄마가 이 중에서 가장 쉽게 수용할 수 있는 것은 옷 사기라고 했다.

> 이번 주에 네가 사고 싶은 옷 사러 함께 갈까?
>
> 돈만 주면 그냥 내가 살게.
>
> 딸이랑 옷 사는 즐거움을 엄마도 누려 보고 싶어. 기회 좀 주라. 네가 고르는 거 절대 잔소리 안 할게.
>
> 진짜지? 내가 사고 싶은 거 살 거야. 약속해.
>
> 알았어. 약속할게.

하지만 엄마와 함께 쇼핑 갔다 싸우는 아이들이 좀 많은가. 아이가 선택하는 옷이 엄마 마음에 들기는 쉽지 않다. 조금만 긴장을 늦추면 바로 잔소리가 튀어나오기 십상이다. 여진이 엄마에게 여진이와 이런 활동을 하는 목적이 '함께 웃기'라는 점을 재차 강조했다. 금액 한도를 미리 여진이에게 알리고, 여진이가 고른 옷이 엄마 마음에 들지 않아도 수용하도록 노력하라고 했다. 또한 여진이의 웃음을 유발하기 위해 여진이가 선택한 옷을 엄마가 입어 보겠다고 하든가, 여진이에게 엄마 옷도 하나 골라 달라고 하는 등의 팁도 알려 줬다.

여진이 엄마는 멋지게 성공했다. 엄마와 딸은 모처럼 즐거운 시간을 보냈다. 여진이 엄마는 쇼핑 다녀온 날 여진이 얼굴에서 어릴 적의 예쁜 미소를 다시 보았다며 눈물을 글썽였다. 그 후로 여진이는 아주 가끔씩 귀가 시간이 빨라졌다. 좋아하는 간식을 신경 써서 챙겼더니 엄마가 퇴근할 때 내다보지도 않던 아이가 먼저 방문을 열고 나와 엄마 손을 쳐다보기도 했다. 여진이가 점점 엄마에게로 다가오고 있었다.

step 3 믿어 주기, 인정하기, 감사하기

엄마 아빠가 지금까지 하던 걸 멈추고 여진이와 함께 웃는 시간을 만들려는 노력을 한 지 한 달 정도 지나자 여진이의 표정과 눈빛이 매우 달라졌다. 얼굴이 훨씬 밝아지고 엄마 아빠와 대화하는 시간이 조금씩 늘었다고 했다. 외출 후에 누구를 만나서 뭘 했는지 이야기해 주는 날도 있었고, 학교는 여전히 가기 싫어하지만 투정을 부리는 정도도 부드러워졌다고 했다.

이제 여진이를 믿어 주는 연습을 시작해 보기로 했다. 관계는 조금 나아지고 있지만 여전히 엄마 아빠는 여진이가 불안했다. 밤 12시가 다 되어 들어오는 날이면 예전처럼 화를 내고 싶었고, 화를 내지 못하는 상황을 견디기 힘들어했다.

세상이 너무 험하니 아이가 늦은 시간까지 돌아오지 않으면 부모는 당연히 불안하다. 하지만 여진이 부모의 불안이 큰 것은 여진이를 믿지 못하기 때문이었다. 만일 아이가 학원에 갔다가 12시에 온다면 부모는 불안하지 않을 것이다. 하지만 아이가 어디에 있는 줄 모른다면, 혹시라도 아이가 심각한 일탈 행동이라도 할까 봐 불안한 것이다. 잘 대답하려 하지 않는 여진이를 설득해 늦은 시간까지 어디에서 노는지 물어보았다. 피시방도 가고 10시 전까지는 노래방도 가고, 그 이후에는 놀이터에 모여 이런저런 잡담을 하거나, 친구 집에 가서 화장을 하고 놀기도 한다고 했다. 지나가는 말로 야시장도 간다고 했다. 혹시 친구들과 술을 마시거나 담배를 피우지는 않는지, 혹은 남자아이들과 어울리거나 위험에 노출되지는 않는지 물으니 자기 친구들은 그러지 않는다고 확신해서 말한다.

왜 어른들은 공부 안 하면 다 나쁜 짓 한다고만 생각해요? 제 친구들 다 착해요. 술 담배 이런 거 안 해요. 누가 남자애들이랑 미팅하자고 하면 나머지 애들이 절대 안 된다고 잘라요. 공부 잘하는 애도 있어요. 걔가 같은 학원 다니자고 해서 고민 중이에요.

여진이 부모의 불안이 컸던 건 아이와 이런 대화조차도 나누지 못했기 때문일 것이다. 공부를 열심히 하지 않으면 모두 문제아 취급 당하는 현실과 학교와 학원 말고는 갈 데가 없는 환경이 더 큰 문제라고 말하는 아이 앞에서 어른으로서 부끄러웠다.

이런 내용을 여진이 부모에게 이야기해 주었지만 여전히 엄마는 여진이를 믿지 못하겠다고 했다. 그래서 다른 질문으로 여진이에 대한 이해를 높이기로 했다.

여진이는 투덜거리면서도 여전히 학교를 다니고 있어요. 왜일까요? 여진이는 신데렐라처럼 12시가 되면 집으로 돌아옵니다. 가출하지 않는 이유가 뭘까요? 여진이는 엄마 아빠의 달라진 태도에 조금씩 반응해 주고 있어요. 무시할 수도 있고, 반항할 수도 있는데 이렇게 맞장구쳐 주고 반응을 보이는 이유는 뭘까요? 만일 여진이가 이런 노력들을 더 이상 하지 않게 된다면 어떤 상황이 벌어질까요?

여진이의 긍정적인 변화는 이유가 있었다. 여진이도 간절하게 변화를 원하고 있었고, 자신이 수긍할 수 있는 방법으로 자신을 도와주기를 바랐던 것이다. 지금까지 혼내고 다그치고 감시하던 걸 모두 멈추는 것만으로도 여진이는 희망과 기대를 가지기 시작했다.

엄마 아빠가 해 주는 간접적인 칭찬과 고마움의 표시들은 여진이의 마음을 말랑말랑하게 만들었다. 엄마가 퇴근길에 챙겨 오는 간식들은 여진이가 어린 시절 그렇게 바랐던 엄마의 사랑의 증표였다. 여진이는 어릴 적 결핍되었던 사랑을 조금씩 충족하고 있었다. 그런 아이를 부모는 아직도 믿지 못하고 있었다.

그런데 아이의 무얼 믿어야 하죠?

아이를 믿으라는 말, 참 많이 듣는다. 그런데 정작 아이의 무엇을 믿어야 하는지는 여전히 모호하다. 여진이의 문제 행동을 보는 부모의 시선을 바꾸고 여진이가 지금 현재 무엇을 노력하고 있는지 알면 여진이를 믿을 수 있다. 그리고 현재의 여진이를 인정하고 칭찬할 수 있다. 아이가 잘 믿어지지 않을 땐 아이의 문제 행동 속에 숨어 있는 긍정적 의도가 무엇인지 찾아야 한다. 그래야 아이 마음 속 진심을 알게 되고 믿을 수 있게 된다.

step 4 긍정적 의도 알아주기

여진이의 부모는 이미 여진이에 대해 믿고 있는 게 많다. 다만 아이의 현재 상황 때문에 잊고 있을 뿐이다. 그걸 찾기 위해 여진이의 어릴 적 모습에 대한 이야기를 조금 더 해 보았다.

여진이는 정리를 잘해요. 초등학교 5학년 정도부터는 자기 방을 잘 정리했고, 기분이 좋으면 거실 청소도 해 줬고요. 이상한 건 제가 청소해 달라고 하면 절대 안 들어주는데 제가 퇴근이 늦거나 아픈 날이면 꼭 알아서 해 주더라고요.

또 용돈을 허투루 쓰지 않아요. 늦게까지 쏘다니면 돈도 많이 쓸 것 같았는데 그렇지 않았어요. 정해진 용돈 안에서 썼고, 어떤 날은 차비를 아끼느라 세 정거장이나 되는 거리를 걸어왔다고 말할 때도 있었어요.

음…… 그리고 여진이는 아빠를 잘 챙겨요. 아빠의 저녁을 챙겨 주는 날도 있고, 아빠가 물어보면 얌전하게 대답하기도 하고…….

그런데도 여진이를 여전히 믿지 못하는 점이 무엇인 거 같으세요?

노는 친구들과 어울리다 위험해질까 봐. 계속 학교 가기 싫어하다가 자퇴라도 할까 봐. 공부를 포기할까 봐.

이렇게 이야기하고 보니 여진이 엄마가 깨닫는 부분이 있었다.

나중에 안 좋은 일이 생길까 봐 겁이 나는 것만 말했네요.

지금의 여진이의 행동이 모두 바람직한 건 아니다. 당연히 위험하기도 하고 걱정되는 점도 많았다. 하지만 그 와중에도 학교는 가고, 노는 친구들과 어울리지만 진짜 심각한 도덕적 문제를 일으키지는 않는다는 점을 엄마는 알아차리기 시작했다. 이 모든 것들이 여진이가 자신을 지키기 위해 애쓰는 긍정적 의도였음을 깨달은 것이다.

엄마 아빠는 여진이의 노력을 깨닫고 난 다음부터 좀 녀 아이를 믿는 마음을 가지려고 노력했다. 여진이 또한 많이 변하고 있었지만, 종종 예전처럼 날카로운 눈빛으로 부모를 쳐다보거나 무시하기도 했고 별거 아닌 일에 벌컥 화를 내기도 했다. 그러나 이는 마치 부모가 자신을 얼마나 단단하게 지켜 줄 수 있는지 시험하는 것이기도 하고, 기존의 방식을 포기해야 하는 데 대한 저항이기도 했다.

이제 학교 친구들과의 문제를 다룰 때가 되었다. 이 문제의 핵심은 여진이가 타인과 세상에 대해 부정적인 시각이 꽤나 깊다는 점이었다. 여진이는 또래 친구들로부터 인정받고 싶은 욕구가 큰 아이였다. 학교 밖 친구들과는 그럭저럭 지내고 있지만, 학교에서의 친구 관계는 여전히 좋지 않았다. 사회적 기술의 부족이라기보다는 친구라는 존재를 부정적으로 보고 친구들이 자신을 싫어하거나 혹은 다들 자신을 비난한다고 느끼는 게 문제였다. 누군가 자신을 쳐다보면 째려본다고 느꼈고, 어쩌다 누가 인사라도 하면 '쟤가 나한테 뭘 잘못했나?' 하는 의심이 든다고 했다. 이런 인지적 왜곡 현상을 벗어나게 하기 위해 그림 자료들을 활용했다. 시큰둥할 줄 알았던 여진이는 무척 신기해하며 그림들을 좌우로 돌려 보거나 거꾸로 뒤집어 보면서 꼼꼼히 관찰하였다.

어떻게 이렇지? 어떻게 그린 거예요?

선생님은 모르지. 그림은 네가 잘 그리니까 연구해 봐. 이런 그림들 보니 무슨 생각이 들어?

엄청 신기해요.

그림 그리기를 좋아하는 아이라 그런지 어떻게 그리는지에 특히 관심을 보였다. 이런 그림을 더 보여 달라기에 인터넷에서 '착시 그림'을 검색하도록 알려 주었다. 여진이는 한참을 마음에 드는 그림을 찾아보면서 감탄사를 연발했다.

여진아, 이런 그림들 신기하다고 했지?

네.

선생님은 이런 그림이 우리에게 주는 중요한 깨달음이 있는 것 같아.

쌤이 뭐라 말할지 다 알겠어요. 제가 애들한테 느끼는 느낌이 오해일 수 있다는 걸 말하는 거죠?

어? 어떻게 알았어?

이렇게 기특할 수가! 반가운 반응이다. 아이가 나의 마음을 넘겨짚는 것이기도 했지만, 상담자가 할 말이 이미 아이의 마음속에 떠올랐다는 건 이제 아이가 다르게 생각하고 느낄 수 있는 가능성이 높아졌다는 의미가 된다. 여진이가 자신에 대한 부모님과 친구들의 긍정적 의도를 알아차리기 시작한 것이다. 엄마 아빠에게도 이런 과정을 설명하고 흥미를 끌 만한 그림을 여진이에게 소개해 주고 가끔씩 그림에 대한 이야기를 나누도록 제안했다. 여진이 엄마는 약속을 잘 지켰다.

여진아, 뭔가 느낌이 달라졌는데? 무척 잘 지낸 느낌이야. 의욕이 생긴 것 같기도 하고, 뭔가 이야기를 하고 싶은 것 같기도 하고. 뭐야?

알아맞혀 보세요.

아, 그냥 좀 알려 줘. 부탁이야.

선생님 표정이 왜 그래요?

간절함의 표현이야. 너에게 뭔가 변화가 생겼는데 이유가 뭔지 정말 알고 싶다는.

아주 작은 거예요. 별거 아닌데 근데 전 좋아요. 약간의 시선의 변화.

어떤 시선의 변화?

그냥, 사람들에게서 부정적인 것만 보였는데 이젠 아닌 것 같아요. 좀 다른 면도 있는 것 같아요.

이런 걸 깨달았다니 충분하다. 이제 마지막 단계가 남았다. 이 작은 변화가 앞으로 더 안정적인 변화가 될 수 있도록 힘을 실어 주어야 한다. 지금 여진이는 중3. 앞에서 말했듯이 청소년들은 심리적으로 안정되면 누구나 성적과 진로가 가장 큰 고민거리가 된다. 이제 여진이에게는 로드 맵이 필요하다. '무조건 열심히'가 아니라 무엇을 하고 싶은지, 어떤 걸 잘할 수 있고 흥미를 느끼는지 찾는 작업을 해야 한다.

step 5 여진이의 인지적 재미 찾기 그리고 연결 다리 만들기

하버드대학의 행복학 교수 탈 벤 샤하르는 인간의 행복을 찾아가는 세 가지 키워드를 제시한다. 재미, 의미, 강점이 그것이다. 이 세 가지의 공통분모를 찾아보면 어떤 일이 자신을 가장 행복하게 해줄지 판단하는 데 도움이 된다고 한다.

- 무엇이 재미있는가?
- 무엇이 나에게 의미를 주는가?
- 나에게 어떤 강점이 있는가?

여진이가 재미있다고 느끼는 일은 판매업이었다. 빨리 고등학생이 되어 아르바이트를 하고 싶은데 카페나 편의점이 아닌 동대문시장에서 하고 싶다고 했다. 시장이 어떻게 돌아가는지 궁금하고, 옷이 어떻게 만들어지고 디자인은 어떤 사람들이 하는지, 같은 모양의 옷은 몇 벌씩 만드는지 모든 게 궁금하다는 것이었다. 또래 아이들과 차이 나는 남다른 관심과 통 큰 시각이 정말 매력적이었다. 알고 보니 여진이가 친구들과 어울려 늦게까지 놀 때 가장 자주 가는 곳이 동대문 일대의 평화시장과 야시장이었다. 친구들이 싫다고 하면 혼자 돌아다니며 구경하는 것도 좋다고 했다. 밤 10시쯤 문을 열어 새벽까지 장사하고 전국의 상인들이 올라와 옷을 구입해 가는 도매시장이 여진이가 가장 좋아하는 놀이터였다. 옷을 좋아하는 청소년들이 종종 가는 곳이지만 여진이처럼 전체 시장에 대한 관심과 그곳에서 일하고 싶은 열망을 가진 경우는 드물다. 이런 사실을 알게 되면서 오히려 여진이 부모님은 안심하기 시작했다.

아이가 진짜 관심 있어 하는 것에 연결 다리를 만들어 주는 것이 얼마나 중요한지 여진이 부모님께 설명 드리고, 여진이에게 기회를 주기로 했다. 지인을 통해 중3 겨울방학부터 평화시장의 옷 점포에서 아르바이트를 하기로 한 것이다. 여진이가 얼마나 신이 났는지 모른다. 마치 꿈이 이루어진 것처럼.

이렇게 겨울방학 아르바이트 계획을 세우고 디자인을 위한 미술 공부도 시작했다. 그러자 여진이의 생활이 확연히 달라지기 시작했다. 학교생활도 안정적으로 되어 갔고 매일 어울리던 학교 밖 친구들과는 주말에만 만나기로 스스로 약속했다. 학교 수행 과제를 위해 학교 친구들과 조별 모임을 갖기도 했다. 속도는 느리지만 방향은 안정되었다. 조바심 내지 말고 아이를 믿고 한 걸음씩 나아가면 된다. 의류와 유통에 관한 전문 잡지나 자료들을 여진이에게 가끔씩 제공해 주고, 한 달에 한두 번은 엄마와 함께 동대문시장에 가서 구경도 하고 옷도 사도록 여진이 부모님에게 제안했다.

"내담자에게 필요한 걸 하라."라는 말이 있다. 지금 여진이에게 필요한 건 자신이 궁금한 세상으로 향하는 연결 다리였다. 비록 학교 공부가 아닐지언정, 여진이가 인지적 재미를 느끼고 호기심과 의욕을 보이는 분야가 있었다. 조금만 시각을 달리하면 우리 아이들이 얼마든지 꿈을 키우며 자신을 성장시킬 수 있다는 걸 다시 한번 확인한다. 학교와 학원에 앉아 수동적인 지식만 받아들이는 게 공부가 아니라는 점을 꼭 기억하면 좋겠다.

여진이가 바람직한 모습으로 변해 가자 여진이 엄마가 평정심을 잃고 살짝 욕심을 부렸다. 아이가 더 잘하기를 바라는 마음이 앞서면서 예술고등학교 입학을 알아보고 싶다고 했다. 좋은 학교를 가기를 바라는 마음, 남 보기에 그럴듯한 모습을 갖추기를 바라는 마음이 나쁜 건 아니지만, 아이의 섬세한 마음을 무시하다가는 다시 예전으로 돌아갈 위험이 너무 크다. 이제 겨우 자신의 삶에 대해 희망과 기대를 갖기 시작한 여진이였다. 여진이가 원하지 않는다면 절대 안 된다고 단호하게 말씀드릴 수밖에 없었다. 다행히 여진이 부모님은 상담자의 말에 귀를 기울여 주셨다.

마지막으로 여진이와 부모 모두에게 혹시 앞으로 또다시 걱정이 커지고 불안해지기 시작할 때 갈등이 생기는 것을 방지하기 위해 자신들의 느낌과 생각을 점검하는 방법을 알려드렸다. 바로 생각의 타당성을 평가하는 5단계 과정인 'A-FROG' 기법이다. 인지심리학에서 활용하는 이 생각 기법은 지금 현재 떠오르는 생각이 과연 합리석인지의 여부를 스스로 평가하도록 도와준다. 혹시 아이에 대해 걱정이 된다면, 반대로 아이가 부모에 대해 지나치게 부정석인 생각이 든다면, 이 과정을 통해 질문의 답을 찾아보는 방법이다.

A: Alive (나의 사고는 나를 생기 있게 하는가?)

F: Feel (나는 이러한 사고의 결과로 기분이 더 나아졌는가?)

R: Reality (나의 사고는 실제 상황인가?)

O: Others (나의 사고는 다른 사람과의 관계에 도움이 되는가?)

G: Goals (나의 사고는 나의 목표를 성취하는 데 도움이 되는가?)

만약 위의 질문에 모두 "예"라고 대답하지 못한다면 그 사고는 역기능적이며 왜곡된 것일 수 있다는 점을 기억해야 한다. 청소년 시기는 어른이면서 아이이고, 독립적이면서 의존적이고, 잘하고 싶지만 실천력은 부족하다. 그런 과도기를 겪는 아이의 부정적인 면만 찾고 또 찾아 얼마나 못난 사람인지를 알려 주고만 있다면 그건 새싹을 발로 밟아 버리는 일이다.

엄마 아빠의 마음에 여진이가 또 약속을 어기려 한다는 생각이 들 때, 아무 생각 없이 놀기만 한다는 생각이 들 때 이 기법을 적용해 보도록 약속했다. 과연 이 생각은 나를 생기 있게 하는지, 그렇게 생각해서 기분이 나아졌는지, 진짜 실제 상황이 맞는지, 여진이와의 관계에 도움이 되는지, 여진이가 성실하게 생활하고 부모와의 관계도 편안해지도록 도와주는 생각인지를 점검해 보기로 했다.

잘 자라던 아이가
흔들린다면

우리 아이 어떡하면 좋아요?

선생님께 상담받고 의대 간 아이가 있다면서요. 저희 아이도 상담 받고 싶어요.

고등학교 1학년 남학생인 건우의 엄마가 만나자마자 꺼낸 말이다. 당혹스러웠다. 공부 잘하게 해 달라고 요청하는 부모들이 많긴 하지만, 이렇게 노골적으로 말하는 경우는 흔치 않다. 그리고 솔직히 상담을 진행했던 아이가 의대에 입학할 정도라면, 심리적 문제로 어려움을 겪고는 있지만 이미 학습 능력이 뛰어났던 아이였을 것이다. 상담을 진행하다 보면, 정서가 안정되고 나면 성적이 향상

되는 아이들이 꽤 많다. 마음을 괴롭히는 문제가 해결되니 학습 동기가 되살아나고, 예전보다 공부할 때 조금 더 열심히 하거나 집중이 더 잘 되어 나타나는 현상이다. 또 정서 문제는 해결되었으나 학습 동기나 학습 전략, 주의 집중 능력에 문제가 있는 경우에는 인지 학습 프로그램을 통해 시각적·청각적 주의 집중력과 과제 집착력 등이 향상되도록 도와주기도 한다. 그러면서 조금 더 나은 성적을 얻게 되는 것이다.

그렇다고 해서 상담을 해서 의대에 진학시켰다는 말은 성립되지 않는다. 하지만 아이의 대학 진학에 목숨을 걸다시피 하는 부모들은 마치 어느 학원을 다니면 성적이 좋아진다는 허상을 쫓듯이 상담에서도 그런 걸 기대하는 경우도 있다. 아이가 심리적인 문제를 해결하고 좀 더 열심히 하도록 동기를 북돋아 달라는 말도 아니고 의대에 진학시키기 위해 상담을 받고 싶다는 말을 들으니 상담할 마음이 싹 달아났다.

상담 목표가 의대 진학이라면 전 상담을 진행할 수가 없습니다. 전 그런 재주가 없어요.

이렇게 말하자 건우 엄마도 당황했는지 "그게 아니라……."라며 속사정을 말하기 시작한다. 건우는 초등학교 시절 꽤나 똑똑한 아이였다. 교육청의 영재교육원에 합격해서 수학 영재와 과학 영재

266

프로그램을 다녔고, 초등학교 내내 반장을 도맡아 하던 아이였다. 엄마가 왜 의대의 꿈을 꾸었을지 짐작이 되었다. 그런데 상담 신청서에는 성적 하락과 교우 관계 문제에 체크되어 있었다. 그렇게 잘하던 아이가 어느 순간부터 공부를 안 한다고 했다. 그 좋은 머리로 더 이상 아무 노력도 하지 않을 뿐더러, 언젠가부터 이상한 아이들과 어울려 다니기 시작했다. 중학생이 된 다음부터는 게임에 빠져 친구랑 피시방을 다녔다. 부모 말은 무조건 듣지 않으려 했고, 용돈을 주지 않으면 소리를 지르며 쿠션을 집어던지기도 했다. 성적은 점점 떨어졌고, 나쁜 친구들과 만나지 말라고 하면 건드리지 말라고 소리쳤다. 집을 나가서 12시가 넘어서 들어오기도 했다.

건우 엄마는 아이가 노는 아이들과 어울리면서 변했으니 제발 그 친구들과의 관계를 끊을 수 있도록 도와 달라고 했다. 대강의 이야기를 듣고 나니 나의 마음도 답답해졌다. 의대를 보내 달라고 요구하는 것부터 친구 관계를 끊어 달라는 요청까지 상담자가 도와줄 수 없는 영역일 뿐만 아니라, 문제의 원인을 외부에서만 찾는 것에 동의하기가 어려웠다. 무엇보다 이렇게 막무가내로 이야기를 풀어놓는 건우 엄마의 말과 행동은 상담자조차도 답답하고 막막하게 했다. 다음에 만나고 싶지 않은 기분까지 들었다. 진심을 말해야 상담 진행 여부를 결정할 수 있을 것 같았다.

죄송한 말씀 먼저 드릴게요. 전 아이가 친구를 잘못 만나 그런 건 아니라고 생각합니다. 그렇게 똑똑한 아이가 친구 한두 명 잘못 만났다고 그렇게까지 변하진 않습니다. 어머니께선 이런 말씀이 많이 불편하시겠지만 제가 그런 생각을 솔직히 말씀드려야 이 상담을 진행할지 결정할 수 있을 것 같습니다. 건우가 초등학교 때는 무척 뛰어났다고 하셨는데, 아이도 그런 과정을 뿌듯하세 생각했나요?

건우 엄마는 한숨을 쉬며 아이는 그렇지 않았다고 했다. 영재교육원에 다닐 능력은 충분한데 아이는 늘 가고 싶어 하지 않았고, 어떨 땐 몰래 결석을 한 적도 있다고 했다. 엄마는 아이가 늘 미적지근한 태도를 보여 답답했다고 한다. 그래서 잔소리도 많이 하고 혼내기도 했다. 한마디로 엄마는 아이를 놓고 큰 꿈을 키워 갔지만, 아이는 엄마의 과도한 꿈에 짓눌려 모든 걸 내려놓고 있었던 것이다.

건우라는 아이가 궁금해졌다. 뛰어난 능력을 지닌 아이가 왜 이렇게 힘든 시기를 보내고 있는지 안타까웠고 건우를 도와주고 싶은 마음이 들었다. 건우는 상담을 거부하고 있었다. 그렇다고 해서 건우에 대한 엄마의 일방적인 견해만으로 양육 상담을 진행하기는 어려웠다. 그래서 건우에게 심리 검사를 권하기로 하였다. 다행히 건우는 현재 자신의 지능과 적성, 진로, 그리고 심리 상태에 대해 알아보는 검사에 대해서는 동의했다.

나도 내가 왜 이러는지 모르겠어요

검사를 진행하며 건우가 꺼낸 이야기에 마음이 아팠다. 건우는 자신도 영재교육원에 다니는 게 좋았다고 했다. 힘들기는 했지만 아무나 다니는 곳이 아니니까 자랑스럽기도 했고 잘난 척하기에도 너무 좋았단다. 하지만 공부는 어려웠고, 잘하는 아이들이 너무 많았다. 그런데 조금 힘들다는 내색을 하면 엄마는 무조건 잘할 수 있다고, 더 열심히 하라고 다그치기만 했다고 한다. 건우는 많이 지친 상태에서 중학생이 되었다. 엄마는 특목고를 준비해야 한다며 대치동으로 학원을 다니게 했다. 하지만 그곳에서 건우는 더 큰 좌절을 겪었다. 영어에 자신이 없었는데 친구와 작은 다툼이 생겼을 때 영어로 공격하며 잘난 척하는 아이들에게 주눅이 들었고, 자존심이 상한 건우는 영어는 아예 공부도 하지 않고 시험을 보았다. 의욕이 떨어진 건우는 자신 있던 수학 시험도 망치면서 스트레스가 매우 커졌고 그때부터 완전히 달라진 태도를 보이기 시작한 것이다. 특목고를 기대했던 엄마는 건우의 달라진 모습에 너무 괴로워했고, 또 그런 엄마를 보는 게 건우에게도 괴로운 일이라 밖으로 돌기 시작했던 것이다.

심리 검사를 하고 그 결과를 해석하는 과정에서 건우는 마음의 변화가 생겼다. 딱 여섯 번만 상담을 받겠다고 한 것이다. 왜 여섯 번인지 물으니 그 정도면 뭔가 속에 쌓인 얘기도 하고 좀 후련해질 것 같다고 했다. 마음의 변화가 생긴 원인을 아이가 정확히 말로 표현하진 않았지만 변했다는 사실이 중요하다. 건우 엄마와 이야기를 나누며 궁금했던 것들에 대해 건우에게 질문했다.

엄마와 얘기하다 화를 자주 낸다며? 맞아?

네. 그런 편이죠. 근데 화내는 이유가 뭔지 아세요?

화가 나서?

그렇죠. 화가 나니 화를 냈죠. 그런데 진짜 이유가 있어요. 제가 화를 내야 엄마가 멈춰요.

엄마를 멈추게 하기 위해 화를 낸 거야? 많이 힘들었겠다.

힘들죠. 그래도 뭐, 제가 소리 지르면 멈추기는 하니까.

그럼 점점 화를 더 크게 내야 하지 않아?

그건 그래요. 근데 엄마가 잔소리를 하면 저도 어쩔 줄 몰라 속상한 마음에 눈물이 날 때도 있어요. 그런데 제가 울면 엄마가 뭘 잘했다고 우냐고 또 뭐라 그러세요. 눈물을 흘리면 엄마가 더 혼내니까 그냥 제가 먼저 화를 내는 거예요. 그럼 엄마도 처음엔 소리를 지르다 조금 있으면 멈추시거든요. 엄마가 안 그러면 저도 소리 안 지르죠. 그런데 이젠 엄마도 저도 습관이 되어 버린 것 같아요.

건우의 행동에 당연히 문제가 있지만 그런 행동의 원인을 건우에게서만 찾을 수는 없다. 건우의 막막함과 좌절감이 느껴지지 않는가? 지금 건우는 무척 외롭고 막막하고 슬픈 청소년이었다. 건우는 문득 이렇게 말했다.

저, 완전히 망가진 걸까요?

네가 망가진 것 같아?

잘 모르겠어요.

그런 과정을 거쳤으니 네 마음과 행동이 지금 그럴 수밖에 없는 거잖아. 그렇다고 망가진 걸까?

제가 나중에 어떻게 될까요?

나중에 어떻게 될지는 더더욱 알 수 없지. 근데 너는 어느 쪽으로 걸을 거야?

네?

발걸음을 어느 쪽으로 향해서 걸을 거냐고. 지금 네가 어느 방향으로 발을 딛는가에 따라 길의 끝은 달라지겠지.

마지막 질문에는 대답이 없다. 아마 이런저런 생각이 떠오를 것 같다. 아이가 얼마나 불안하면 저런 질문을 할까 싶어 마음이 아프다. 엄마의 이야기와는 달리 건우는 현재 자신의 상태에 대해 매우 걱정이 컸다. 친구들과 어울려 놀거나 반항하는 순간에도 마음이 편한 적은 없었다고 했다.

걱정에 매몰되어 있는 건우에게 자신의 모습을 조금이나마 객관적으로 보게 하기 위해 다른 질문을 던졌다.

　선생님이 만나는 또 다른 고3 형에 관한 이야기야. 듣고 어떤지 네가 평가해 봐. 그 형은 중학교 때까지는 그럭저럭 공부도 열심히 하고 잘 지냈어. 그런데 고등학생 때 게임에 빠져서, 공부도 소홀히 하고 부모님께 반항도 했어. 3월 첫 모의고사를 망치고 난 다음 뭔가 심각성을 느끼고 상담을 받기 시작했어. 그 형은 지금 자신이 이대로 망가져 버릴까 봐 엄청 걱정하고, 앞으로 어떻게 될지 고민하고 있어. 자, 이 형에 대한 너의 느낌을 말해 줘. 세 가지 질문이야. 첫째, 이 형은 지금 망가진 걸까? 둘째, 앞으로 어떤 모습으로 살아가게 될까? 셋째, 이 형은 어떤 사람일까?

　좀 놀았다고 망가진 건 아니죠. 정신 차리고 공부하면 금방 성적도 오르고 괜찮아지지 않을까요? 자기가 자기를 걱정하기 시작했다는 건 앞으론 과거처럼 살지 않겠다는 뜻이잖아요. 지금부터 공부 열심히 하고 혹시 시간이 부족하면 일 년 정도 재수하는 것도 나쁘지 않을 것 같아요. 부모님한테 반항한 건 뭐 죄송하다고 하고 앞으로 안 그러면 금방 풀어지실 거예요. 무엇보다 이런 고민을 하는 것 자체가 괜찮은 사람 아니에요?

　약간의 설정을 했지만 사실 건우 자신의 이야기였다. 청소년에게 "괜찮다"는 말을 아무리 해 줘도 마음에 별로 가닿지 않을 때가 많다. 그럴 땐 자신의 모습을 제3자의 모습처럼 보게 하면 스스로 자신에 대해 평가하기가 쉬워진다.

와! 대단하다. 건우가 한 말 그 형에게 그대로 전해 줄게. 그런데 듣다 보니 난 네가 한 말이 너 자신에게 하는 말로 들려. 넌 어때?

전 문제가 심각하죠. 그래도 저도 점점 괜찮아지겠죠.

이렇게 말하며 씨익 웃는다. 웃는 모습이 예쁘다.

선생님, 그럼 저 지금 괜찮은 거죠?

내가 아니라고 하면 아닌 게 되는 거야? 내가 맞다고 하면 맞는 게 되는 거야? 네 생각이 제일 중요해. 넌 어떻게 생각해?

괜찮은 것 같아요.

건우에게 필요한 엄마 역할

이제 엄마가 건우를 대하는 태도를 변화시켜야 한다. 상담 과정에서 아이가 서서히 변해도 집에서 부모가 아이를 대하는 태도에 변화가 없으면 다시 악순환에 빠질 위험이 높다. 이제 건우를 다그치고 닦달할 수밖에 없었던 건우 엄마의 마음을 살펴보자.

건우의 엄마는 '헬리콥터 맘'이었다. 엄마가 건우의 모든 부분에 관여했고 아빠의 역할은 아주 미미했다. 어릴 적 조금 놀아 준 것 말고는 아빠가 할 일은 별로 없었다. 엄마가 건우의 모든 생활을 관리하고 아이의 성적을 위해 많은 것을 희생하고 투자하고 몰입해 왔다. 상담을 받는 목적 또한 아이의 심리적 건강을 위해서라기보다는 예전처럼 공부 잘하고 똑똑한 아이로 만들어서, 거뜬히 특목고와 의대에 보내려는 것이었다. 이런 엄마의 특성이 아이의 환경 전반에 영향을 미치고 있었다. 아이는 무엇을 하든 엄마의 영향력을 느꼈고 자유로운 선택과 자기실현의 경험이 부족했다. 자라는 동안 건우가 얼마나 힘들었을지 충분히 이해가 된다.

엄마는 건우가 줄곧 반장을 하고 똑똑하다는 소리를 들으면 자신이 마치 성공적인 인생을 사는 것으로 대리 만족하며 살아왔다. 그러니 지금 아이가 보이는 모습에 좌절하고 아이에 대한 원망과 배신감이 엄마를 못 견디게 괴롭히고 있는 것이다. 초등학교 때 잘했던 것에 대한 미련이 남아 있고 아이가 마음만 먹으면 얼마든지 잘해 낼 수 있다는 확신이 있기에 더욱더 아이의 태도를 어떻게든 고치고 싶어 하는 것이다.

안타깝게도 건우 엄마는 아이의 성적과 진학에 대한 집착이 심한 반면 '아이와의 좋은 관계'에 대한 중요성은 인식하지 못하고 있었다. 아이가 원하는 것이 무엇인지 아이 마음을 살펴보는 좋은 엄마 역할에는 서툴러 보였다. 계획적이고 철저한 성격이라 자신의 생각과 다른 모습을 수용하기 어려워한다. 게다가 건우를 대하는 엄마의 태도가 앞뒤가 전혀 맞지 않아 건우를 더 화나게 하고 있었다.

첫째, 건우 엄마는 전혀 진솔하지 못했다. 잠시 쉬어도 된다며 게임을 허락했지만 아이가 게임하거나 노는 모습을 쨰려보듯 지켜보았다고 했다. 그래서 건우는 엄마의 말을 하나도 믿지 않는다고 했다. 아이에게 진짜 휴식이 필요하다는 것도 인지하지 못할 뿐 아니라, 휴식과 놀이조차 공부를 시키기 위한 목적으로 활용했을 뿐이었다. 아이가 화를 내고 폭발할 때는 공부 안 해도 되니 제발 그러지 말라고 하지만, 정작 아이가 스마트폰만 쥐고 있으면 공부 안 한다고 화를 내는 악순환이 계속되고 있었던 것이다. 여러 가지 심리적 불안으로 공부에 집중할 수 없는 아이를 보는 엄마의 관점은 '저 하고 싶은 건 다 하면서 공부는 제대로 하지 않는다.' 정도였다.

청소년 자녀는 바로 이 지점에서 부모와 갈라선다. 자신의 복잡한 심리 상태를 이해해 주지 못하는 부모에 대한 원망, 공부는 중요하지 않다더니 또 결국 공부 때문에 혼을 내는 모습을 보며 부모의 모든 말은 진심이 아니라는 불신을 쌓는다. 아이도 신경 써서 집중하고 싶지만 집중하지 못하는 자신의 상황에 더 화가 난다. 왜 게임만 하고 TV만 볼까? 그건 그냥 아무 생각 없이도 할 수 있을 뿐 아니라, 게임하고 TV 보는 동안은 지금의 힘든 문제를 잊어버릴 수 있기 때문이다. 그렇게 시간을 보내서 빨리 이런 상황에서 벗어나고 싶은 것이다. 이런 아이를 부모는 어떻게 도와주어야 할까?

건우는 이렇게 멋진 아이예요

제가 상담 받는 건, 제가 아니라 엄마가 좀 달라지라고 받은 거예요.

엄마가 달라지는 게 건우가 바라는 점이었다. 자기가 얼마나 힘든지 검사 결과가 나오면 엄마가 보고 반성하고 깨달아 달라는 의미였다. 심리 검사 결과와 그동안의 건우와 엄마의 이야기를 통해 알게 된 사실을 바탕으로 건우 엄마와의 상담을 진행하였다. 우선 건우 엄마에게 왜 이렇게까지 아이의 공부에 열성을 보이는지 질문했다.

아이가 너무 똑똑했어요. 어릴 적에 한글을 제대로 가르치지 않아도 스스로 깨치는 걸 보면서, 전 보상받는 것 같았어요. 제가 어릴 적에 부모 복이 없다고 생각하고 살았는데, 뛰어난 건우를 보며 세상을 다 가진 것 같았어요.

건우 엄마의 그동안의 행동이 다소 이해되기 시작했다. 건우 엄마가 성장 과정에서 힘들었던 사연이 너무 많았을 것이다. 아픔도 너무 많고 그만큼 변화에 대한 갈망도 컸을 것이다. 그러니 똑똑한 건우를 보며 자신의 못다 한 꿈을 이루는 게 충분히 가능하다고 생각했던 것이다. 갑자기 건우 엄마가 이런 말을 한다.

저 처음 만났을 때 되게 황당하셨죠? 의대 간 아이 이야기하면서 상담받겠다고 한 거요. 사실 저도 모르게 툭 튀어나온 말이에요. 그런 말이 어떻게 들렸을지 저도 알아요. 마음속에 꼭꼭 숨겨 놓았던 말인데 왜 갑자기 튀어나왔는지 모르겠어요. 건우를 의대 보내고 싶다는 생각을 입 밖으로 낸 적 한 번도 없어요. 그 말을 하면 복이 달아날까 봐.

건우 엄마가 이렇게 말을 해 주니 오히려 안심이 되었다. 차근차근 대화를 진행할 수 있을 것 같았다. 이런 정도의 자기 이해도 없이 상담을 진행하면 시간이 무척 오래 걸릴 수 있기 때문이다. 건우 엄마가 함부로 입 밖에도 내지 않고 간직해 온 건우에 대한 꿈이 건우 엄마의 삶을 그대로 보여주는 것 같았다. 건우 엄마와의 상담 목표는 이렇게 정했다.

첫째, 건우와의 관계를 점검해야 한다. 엄마와 편안한 관계가 되어야 건우가 자신의 마음을 드러낼 수 있고, 그래야 밖으로 도는 건우의 행동이 잦아들 수 있기 때문이다. 앞에서 강조했듯이 건우와 함께 웃을 수 있는 시간을 만들고, 건우에게 감사한 마음을 전해야 한다. 이런 과정이 건우에게 도움이 된다는 걸 이해한 엄마는 자신이 해 볼 수 있는 것들을 실천하기 시작했다.

둘째, 건우를 통해 이루고 싶은 엄마의 꿈과 심리적 욕구를 이해하는 과정이 필요했다. 개인 상담이 아닌 양육 상담이기에 건우를 키우면서 엄마 역할과 관련된 자신의 이야기로 국한했다. 건우 엄마의 미해결된 심리 과제는 자신은 공부하고 싶어도 못했다는 사실이었다. 가정 형편이 너무 어려웠고, 공부를 잘했지만 상업고등학교로 진학할 수밖에 없었다. 늘 대학 나온 사람들을 부러워했던 자신의 삶 때문에 쫓기듯 건우를 다그쳤다. 그러나 건우 엄마는 자신의 엄마보다 훨씬 좋은 엄마이고, 감사하게도 건우를 지원해 줄 수 있는 정도의 경제력이 있었다. 그러니 조바심 갖지 않아도 되고, 건우의 잠재력이 저절로 싹을 틔워 발전할 수 있도록 지지하고 격려하며 기다려 주는 엄마가 될 수 있다고 이야기했다.

셋째, 이제 건우의 심리적 회복과 성장을 위한 엄마의 역할과 한계를 설정하였다. 의식주를 챙겨 주는 엄마 역할을 넘어 아이의 마음을 챙기는 역할이 과연 무엇인지 구체적으로 이야기를 나누었다. 사랑과 배려, 존중이라는 추상적인 단어들은 행동으로 표현될 때 전혀 다른 의미가 되는 경우가 너무 많다. 사랑하니까 혼내고, 아이의 미래를 배려하기 때문에 지금 공부를 열심히 하라고 괴롭히고 있는 것이다.

아침에 깨울 때, 밥 먹을 때, 아이가 능청 부릴 때, 아이가 현관문을 나설 때, 학교에 다녀왔을 때, 소파에 늘어져 있을 때, 숙제를 안 하고 미적거리고 있을 때, 피곤해서 오늘 하루 학원을 쉬고 싶다고 말할 때, 친구랑 문자를 한 시간 이상 주고받고 있을 때, 스마트폰으로 웹툰만 보고 있을 때…… 이럴 때 어떻게 말해야 할지 연습하기로 했다.

넷째, 대화법을 연습하면서 좀 더 엄마의 힘을 북돋아 주기 위한 상담도 진행하였다. 엄마의 역할에서 지금까지 잘해 온 점과 엄마의 강점을 찾아보기로 했다.

건우를 가졌을 때 어떤 태교를 했기에 건우는 어릴 때부터 영특했을까요? 자장가는 어떻게 불러 주고, 잠자고 있는 건우에게 어떤 말을 해 주었나요? 건우가 '엄마'라는 말을 처음 했을 때, 첫 걸음마를 떼었을 때, 넘어져서 울고 있을 때, "이건 뭐야? 저건 뭐야? 왜요?"라며 끊임없이 질문하기 시작했을 때, 잠도 안 자고 계속 책 읽어 달라고 보챘을 때 엄마는 어떻게 했었나요?

이런 이야기를 나누다 보니 저절로 건우 엄마가 어떤 강점을 지녔는지 드러나기 시작했다. 건우 엄마는 늘 아이에게 말을 걸고, 아이 눈을 마주 보며 미소 짓고 함께 웃었다고 했다. 아이의 말이 끝날 때까지 잘 들어 주었고, 책을 읽어 줄 때는 엄마도 무척 행복했다고 했다. 이렇게 엄마의 양육 경험을 들으면서 엄마도 건우의 어릴 적 모습들을 생각하며 웃고 또 눈물을 흘리며 조금씩 여유를 되찾아 갔다.

다섯째, 건우가 왜 지금 같은 모습을 보일 수밖에 없는지 이해하는 시간도 가졌다. 유아기의 훌륭한 양육 태도가 아이를 잘 자라게 했음에도 불구하고 어느 순간 발동된 엄마의 불안과 욕심이 엄마 자신의 모습을 잃게 만들었다는 걸 깨달아 갔다. 그 외에도 건우 엄마와 나눈 이야기들은 다음과 같다.

  - 건우가 가진 강점에 대해 생각해 보기
  - 건우가 엄마와의 좋은 관계를 위해 지금까지 노력해 온 마음 이해하기
  - 앞으로 엄마가 어떻게 다르게 할 수 있는지 점검하기
  - 지금 건우에게 필요한 것이 무엇인지 알아보기
  - 엄마와 아이가 서로에 대한 마음을 터놓고 이야기하고, 이해하고 이해 받는 가족 치료 경험하기
  - 엄마가 미처 알아주지 못한 아이의 마음에 대해 손을 잡고 마주보며 사과하고 위로하기

약 10회 정도 진행된 양육 상담에서 엄마는 간절한 마음만큼 열심히 노력했고, 건우의 행동도 달라지기 시작했다. 마지막에는 엄마를 위해 건우를 초대해서 가족 치료를 진행했다. 상담사와 나눈 이야기들 중에 건우가 알아야 할 엄마의 진심과 엄마가 그럴 수밖에 없었던 아픈 과거도 조금 들려주었다. 그리고 무엇보다 엄마가 건우에게 진심으로 사과했다. 그러자 건우도 처음엔 쑥스러워하고 불편해했지만, 어느새 엄마와 속마음을 주고받기 시작했다. 자신이 얼마나 힘들었는지 엄마를 원망하기도 하고, 자기가 열심히 안 해

서 미안하다는 말도 했다. 아이가 엄마의 기대에 못 미쳐서 미안하다는 말을 할 땐 모두가 눈물을 흘릴 수밖에 없었다.

건우는 조금씩 제자리로 돌아왔다. 건우는 인지 학습 클리닉을 통해 자신의 학습 문제를 점검받고 싶어 했다. 자신에게 잘 맞는 학습 전략을 찾고 잘하는 과목과 취약 과목에 대한 학습 계획을 세우는 방법도 배우고 싶어 했다.

지금까지 엄마의 적극성이 아이를 힘들게 했지만 이제는 방향을 바꾸어 서로 힘이 되고 격려하는 엄마와 아들 관계가 될 수 있을 것 같았다. 살다 보면 또 서로 어긋나 갈등을 겪겠지만 한 번 회복한 경험은 생명력을 지녀 다음 갈등도 잘 해결해 갈 힘을 키우게 된다.

마지막으로 건우 엄마에게 관심 있는 주제에 대해 공부하기를 권했다. 평생 학습의 시대가 되면서 무척 다양한 방식으로 공부할 수 있는 길이 열려 있다. 의외로 건우 엄마는 한 번도 그런 생각을 해 본 적이 없다고 했다. 이제 겨우 40대 초반의 엄마가 자신의 인생에서 변화가 없을 거라 단정한 것이 어쩌면 건우를 더 들볶게 했을 수도 있었다. 상담을 마친 후 건우와 건강한 관계를 다지기 시작한 건우 엄마가 자신의 길을 잘 찾아 가리라 기대해 본다.

에필로그_ 청소년 자녀와의 대화 십계명

나보다 더 큰 아이로 자라게 하는 게 모든 부모의 소망이다. 우리 아이는 그럴 수 있는 잠재력과 가능성을 모두 지니고 태어났다. 아이를 멋지게 성장시키는 부모가 되고 싶을 때, 혹시 멈추거나 오히려 퇴보하고 있다고 생각될 때 다시 뒤적여 볼 수 있는 책이 되기를 바란다. 그마저도 힘이 든다면 청소년 자녀와의 대화 십계명 중 한 가지만이라도 다시 시작할 수 있기를 바란다. 분명 우리 아이의 뿌듯한 미소를 다시 볼 수 있게 될 것이다.

1. 하루 대화는 "미안해." "고마워." "사랑해."로 충분하다.

아이가 방문을 닫아거는 게 너무 싫다면 아이에게 미안한 건 사과하고, 고마운 점을 찾아 말해 주어야 한다. 그중 사과는 특히 꼭

하는 것이 좋다. 쑥스러워서, 애한테 무슨, 말 안 해도 알겠지 하는 마음은 버려야 한다. 그래야 사춘기 아이는 마음의 문을 열고 부모의 사랑을 받아들인다. 하루의 마무리는 꼭 "사랑해."로 하자.

2. '너 때문에'가 아니라 '네 덕분에'로 마음과 말을 바꾸자.

화가 나서 아이를 비난하고 싶은 마음이 들 때도 있겠지만, 그 말을 하기 전 '아이 덕분에'로 말을 바꾸면 신기하게도 마음이 진정된다. 오늘도 건강하게 살아 움직이는 아이가 더 소중하게 느껴질 수 있다.

3. 하루 한 번, 함께 웃을 일을 만들자.

함께 웃는 웃음은 최고의 치료제이며 심리적 에너지를 충전해 주는 원동력이다. 작은 말과 행동에도 웃음은 쉽게 터질 수 있다는 걸 기억하자.

4. 실수와 실패를 겪는 아이의 편이 되어 주자.

성적이 떨어지고, 친구 관계가 어려워지면 부모가 더 속이 상한다. 하지만 아이는 어쩌면 죽고 싶을 만큼 괴로울 것이다. 힘든 아이에게 평소 원했던 작은 선물을 건네주며 이 또한 지나가는 일임을, 어떤 경우에도 엄마 아빠는 영원한 아이 편임을 강조해서 말해 주어야 한다.

5. 지킬 수 있는 약속을 하고, 꼭 지켜야 한다.

사춘기 자녀와의 약속은 정말 중요하다. 못 지킬 약속을 요구하면 거절하고 버틸 수 있어야 한다. 그래야 아이는 오히려 든든한 안전감을 느낀다. 혹시라도 약속을 못 지키게 된다면 진심을 담아 사과하고 지킬 수 있는 약속으로 바꾸어야 한다. 그래야 부모가 자신을 인정하고 존중한다고 느낄 수 있다.

6. 속이 터지겠지만 때로는 심호흡하고 참아야 한다.

부모 직성이 풀릴 때까지 하는 대화는 거의 언어폭력 수준임을 기억하자. 말을 많이 할수록 흥분하고 말실수를 하게 된다. 관계가 더 악화되고 부모의 과격한 말을 빌미로 아이가 더 엇나갈 수 있다.

7. 아이가 동의한 적 없는 것을 하기를 기대하지 말자.

우리 아이가 어떤 행동을 하기를 바란다면 그 일을 하고 싶은 마음이 들도록 어떻게 설득할지 고민해야 한다. 아이가 진정으로 동의하지 않는 한 그 일을 하게 만들 재주는 누구에게도 없다.

8. 아이가 생각지 못한 자신에 대한 새로운 시각을 제공해 주자.

"말이 앞뒤가 안 맞잖아요!"라며 불평불만이 많은 아이에게 삐딱하거나 반항적이라 비난하지 말자. 그렇게 말하는 부모가 더 아이를 삐딱하고 부정적으로 보는 것이다. 아이는 아주 훌륭한 능력을 발달시키고 있다. 그러니 "비판적으로 볼 줄 아는구나. 진정하고 네 생각을 좀 더 말해 줄래?"라고 말할 줄 알아야 한다.

9. 좋은 관계 없이는 영향력도 없다. 부모 자녀 관계를 회복하자.

좋은 관계가 아니라면 어른들은 그 누구도 청소년에게 영향을 줄 수가 없다. 우리 아이가 간절하게 변화되기를 바란다면 지시하고 충고할 것이 아니라, 아이가 좋아하는 특별 메뉴를 준비해서 잠시 함께 앉아 이런저런 수다를 떠는 것이 더 효과적임을 기억하자.

10. 아이가 원하는 방식으로 사랑을 표현하자.

그렇다고 아이의 요구를 다 들어주라는 게 아니다. 유명 브랜드 운동화를 원한다면, 다른 비용을 줄여서 아이가 원하는 걸 들어주려 노력했음을 보여주는 정도로 충분하다. 여전히 여리고 착한 우리 아이들은 부모의 노력하는 마음에 감동하고 있음을 기억하자. 단, 잘 표현하지는 않으니 실망하지도 말자.

아이의 방문을 열기 전에
10대의 마음을 여는 부모의 대화법

초판 1쇄 발행 • 2019년 7월 19일
초판 6쇄 발행 • 2022년 2월 16일

지은이 • 이임숙
펴낸이 • 강일우
책임편집 • 김보은
조판 • 박아경
펴낸곳 • (주)창비
등록 • 1986년 8월 5일 제85호
주소 • 10881 경기도 파주시 회동길 184
전화 • 031-955-3333
팩시밀리 • 영업 031-955-3399 편집 031-955-3400
홈페이지 • www.changbi.com
전자우편 • ya@changbi.com

ⓒ 이임숙 2019
ISBN 978-89-364-5898-0   13590